染织与服装设计

新概念中国高等职业技术学院艺术设计规范教材

顾问 林家阳

服装设计表现

中国美术学院推荐教材

窦 珂 著

THE FIRST CHAPTER
CURRICULUM SUMMARY

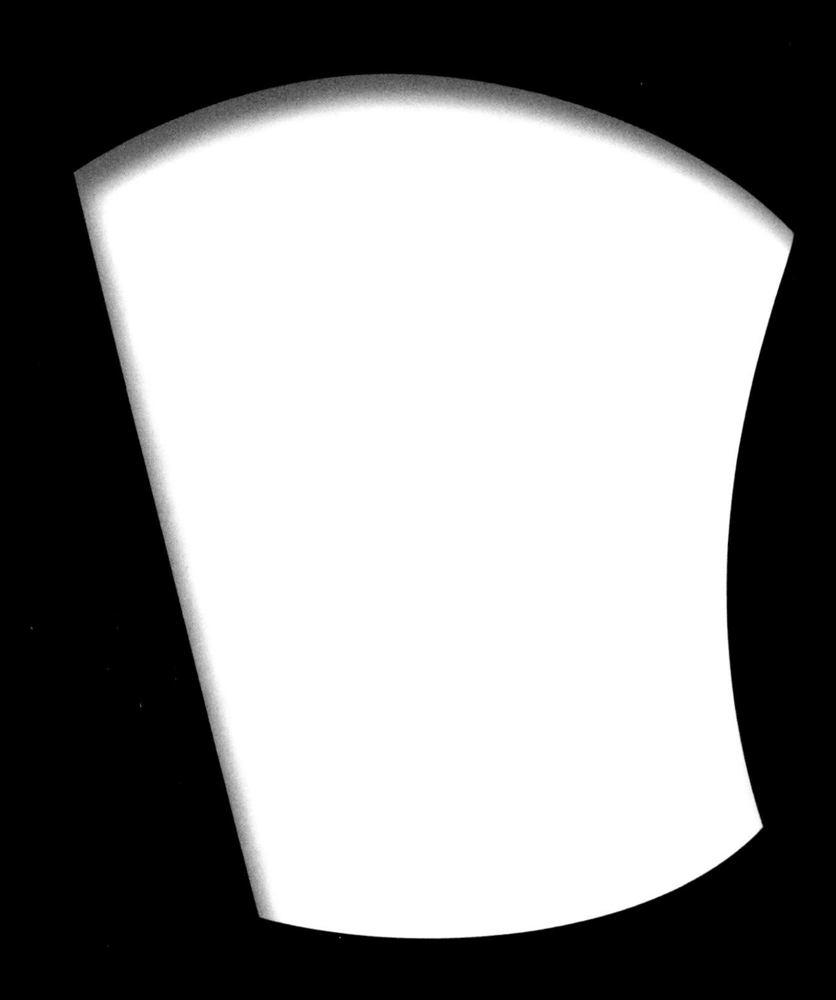

THE SECOND CHAPTER
TEACHING PROCESS

THE THIRD CHAPTER
PROJECT EXTENSION

THE FOURTH CHAPTER
WORKS APPRECIATION

浙江人民美术出版社

序言

早在2006年11月16日，国家教育部为了进一步落实《国务院关于大力发展职业教育的决定》指示精神，发布了《关于全面提高高等职业教育教学质量的若干意见》的16号文件，其核心内容涉及到了提高职业教育质量的重要性和紧迫性；强化职业道德，明确培养目标；以就业为导向，服务区域经济；大力推行工学结合，突出实践能力培养；校企合作，加强实训；加强课程建设的改革力度，增强学生的职业技术能力等等。文件所涉及到的问题既是高职教育存在的不足，也是今后高职教育发展的方向，为我们如何提高教学质量、做好教材建设提供了理论依据。

2009年6月，温家宝总理在国家科教领导小组会议上作了“百年大计，教育为本”的主题性讲话。他在报告中指出：国家要把职业教育放在重要的位置上，职业教育的根本目的是让人学会技能和本领，从而能够就业，能够生存，能够为社会服务。

德国人用设计和制造振兴了一个国家的经济；法国人和意大利人用时尚设计观念塑造了创新型国家的形象；日本人和韩国人也用他们的设计智慧实现了文化创意振兴国家经济的夙愿。同样，设计对于中国的国民经济发展也将起着非常重要的作用，只有重视设计，我们产品的自身价值才能得以提高，才能实现从“中国制造”到“中国创造”的根本性改变。

高职教育质量的优劣会直接影响国家基础产业的发展。在我国1200多所高职高专院校中，就有700余所开设了艺术设计类专业，它已成为继电子信息类、制造类后的大类型专业之一。可见其数量将会对全国市场的辐射起到非常重要的作用，但这些专业普遍都是近十年内创办的，办学历史短，严重缺乏教学经验，在教学理念、专业建设、课程设置、教材建设和师资队伍建设等方面都存在着很多明显的问题。这次出版的《新概念中国高等职业技术学院艺术设计规范教材》正是为了解决这些问题，弥补存在的不足。本系列教材由设计理论、设计基础、专业课程三大部分的六项内容组成，浙江人民美术出版社特别注重教材设计的特点：在内容方面，强调在应用型教学的基础上，用创造性教学的观念统领教材编写的全过程，并注意做到章、节、点各层次的可操作性和可执行性，淡化传统美术院校所讲究的“美术技能功底”，并建立了一个艺术类专业学生和非艺术类专业学生教学的共享平台，使教材在更大层面上得以应用和推广。

以下设计原则构成了本教材的三大特色：

1. 整体的原则——将理论基础、专业基础、专业课程统一到为市场培养有用的设计人才目标上来。理论将是对实践的总结；专业基础不仅为专业服务，同时也是为社会需求服务；专业课程应讲究时效作用而不是虚拟。教材内容还要讲究整体性、完整性和全面性。

2. 时效的原则——分析时代背景下的人文观和技术发展观。时代在发展，人们的生活观、欣赏观、消费观发生了很大的变化，因此要求我们未来的设计师应站在市场的角度进行观察，同时也在一个新的时间点上进行思考；21世纪是数字媒体时代，设计企业对高等职业设计人才的知识结构和技术含量提出了新的要求。编写教材时要用新观念拓展新教材，用市场的观念引导今天的高职艺术设计学生。

3. 能用的原则——重视工学结合，理论与实践结合，将知识融入课程，将课题与实际需求相结合，让学生在实训中积累知识。因此，要求每一本教材的编写老师首先是一个职业操作能手，同时他们又具备相当的专业理论水平。

为了确保本教材的权威性，浙江人民美术出版社组织了一批具有影响力的专家、教授、一线设计师和有实践经验的教师作为本系列教材的顾问和编写人员。我相信，以他们所具备的教学能力、对中国艺术设计教育的热爱和社会责任感，他们所编写的《新概念中国高等职业技术学院艺术设计规范教材》的出版将使我们实现对21世纪的中国高等职业教育的改革愿望。

林家阳

2009年11月于上海

目
录
CATALOG

第三章 课题详解

第四章 作品赏析

第一章 Chapter 1

课程概述

CURRICULUM SUMMARY

第一章 课程概述

时装画是整个时装设计的重要部分，而时装设计又是整个服装业的组成部分，兼具艺术性和商业性。时装画为设计的生产和销售服务，包括设计师的意图与时装信息，以及服装的式样，裁剪、缝制的手法，表现服装面料的质感、图案和颜色以及服饰配件的搭配效果。它广泛地出现于书籍、广告、期刊以及各种新型媒体上，成为宣传推广品牌的重要手段。

时装画不仅仅是设计拓展的一部分，是设计进程的重要环节，而且还是一种向别人表明思想、传达设计理念的方法。

一、培养目标

本课程是服装设计专业的一门专业必修课程，是服装设计教学体系中的一门基础课程，它通过绘画形式表现服装的着装状态，是设计师表达意图的基本手段。本书通过课程的讲解、图示，使学生掌握各种时装画的表现方法，并能随心所欲地表达设计意图。

本书力求协助学习者达到一个基本目标，即艺术化地传达设计师的设计概念。也就是说，不仅仅要表达出设计概念，还要做到生动传神，富有感染力。

二、教学模式

本书包含了丰富的案例研究和插画范例，以及实践练习与提示。通过对时装画的定义、发展史、时装画的分类、艺术特征、材料与表现技法等诸方面的讲解，通过大量的图像资料展示，作画过程与步骤分解，使学生明确时装画学习的目标和方向，形象地了解时装画，喜爱时装画，掌握时装画的绘画技巧，培养手绘和造型能力。

三、教学的重点与难点

本课程作为服装设计专业高职学生的一个为期四周的基础课程，需要在很短的时间内充分调动学生的综合素养以及理解、感悟、欣赏、模仿、创造、分析、判断等各方面的能力。

教学重点：如何培养学生的综合能力，使学生学会独立思考与分析，掌握服装画、服装效果图、服装式样图的表现方法，掌握多种解决问题的方法，并能随心所欲地表达设计意图，这是本课程的教学重点。

教学难点：如何发掘时装画的艺术性，用更富有表现力和时尚感的多种绘画手段，来表现设计的灵魂、个性和思想内涵，这是本课程的难点。

四、课程设置与课时分配

课程设置

课程类型	专业必修课
开课对象	服装设计专业学生
开课时间	第三学期
总课时	72课时
学分	3分

教学安排：本课程可安排在二年级上学期进行，课时72课时左右。教学分为三个阶段：

第一阶段，主要解决造型问题。用线描准确表现服装的外轮廓和服装结构，以及衣着效果。这个阶段是造型的基础阶段，要非常严谨地画大量线描和黑白灰效果图，直到能将头脑中的设计款式随心所欲地表现出来。

第二阶段，在第一阶段的基础上加入色彩表现。采用最为实用和容易掌握的水彩，也可以是水粉或者丙烯颜料等着色，可以尝试夸张和有个性的手法来表现造型。

第三阶段，训练使用不同的工具、材料来表现不同的内容以及不同的材质。例如麦克笔、彩色铅笔、油画棒、色粉笔等。

课时分配

课程单元名称	单元课时	课时分配		作业安排	学习目的
		讲授	实践		
基础知识	8	4	4	头部、人体结构练习8张	掌握基本的人体结构。
线描服装式样图、服装速写练习	16	2	14	不同工具（铅笔、钢笔、针管笔、炭笔等）的黑白速写共20张	掌握线条的表现方法，做到流畅和富有表现力，同时掌握更多的流行服饰的款式和时尚设计元素。
淡彩勾线练习	16	4	12	水彩勾线练习10张	练习并掌握水彩表现的方法，合理安排画面的构图，协调人物和背景的关系。
工具运用	16	4	12	麦克笔、彩色铅笔、蜡笔、色粉笔练习各2张	在练习中体会和选择合适自己的工具以及表现方法。
质地表现	16	4	12	针织、皮草皮革、丝绸	学习使用不同工具对不同质感的面料进行表现的方法。
合计	72	18	54		

page
11

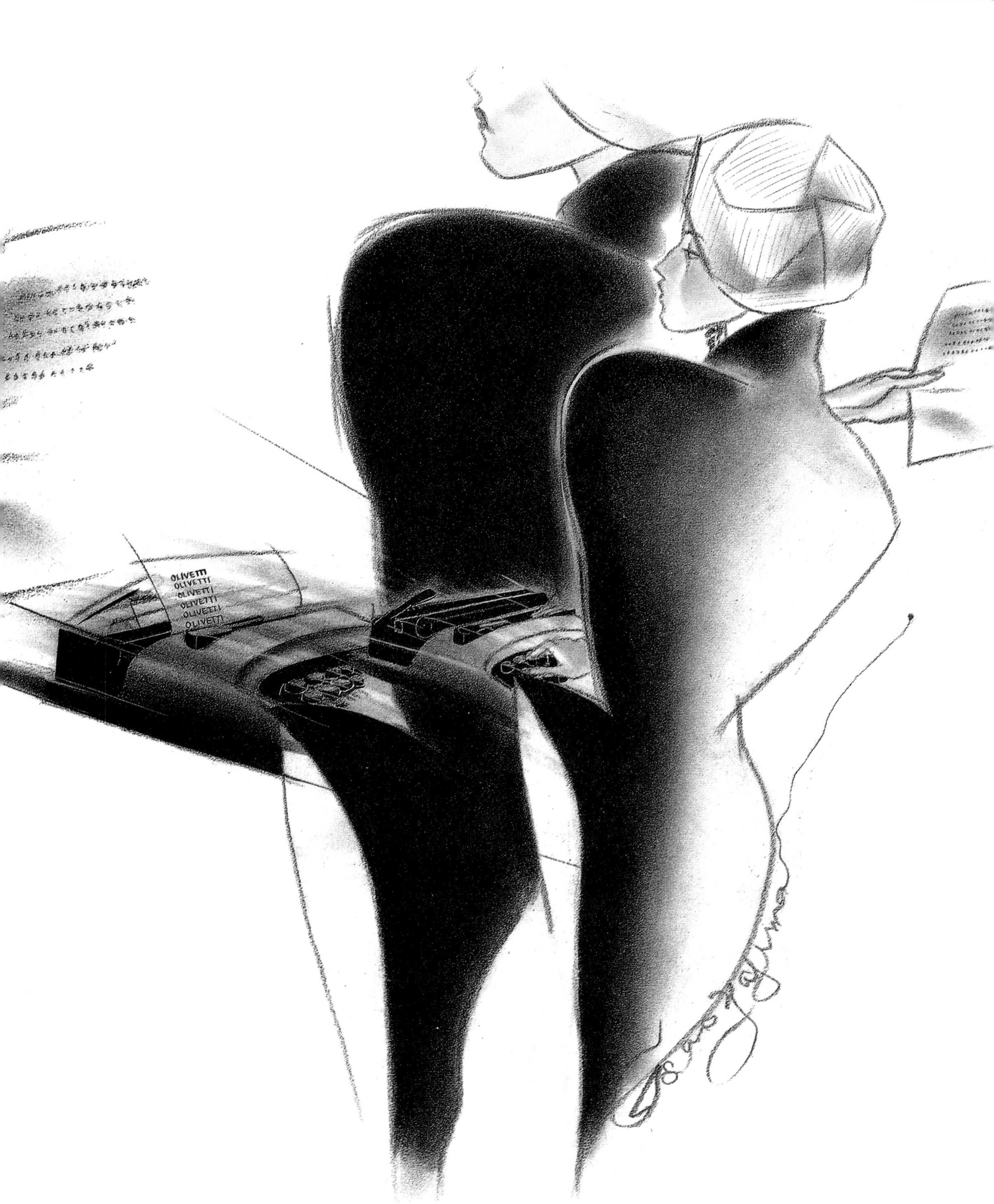
OLIVETTI
OLIVETTI
OLIVETTI
OLIVETTI
OLIVETTI
OLIVETTI

第二章
2
Chapter
教学流程
TEACHING PROCESS

第二章 教学流程

一、教学流程图

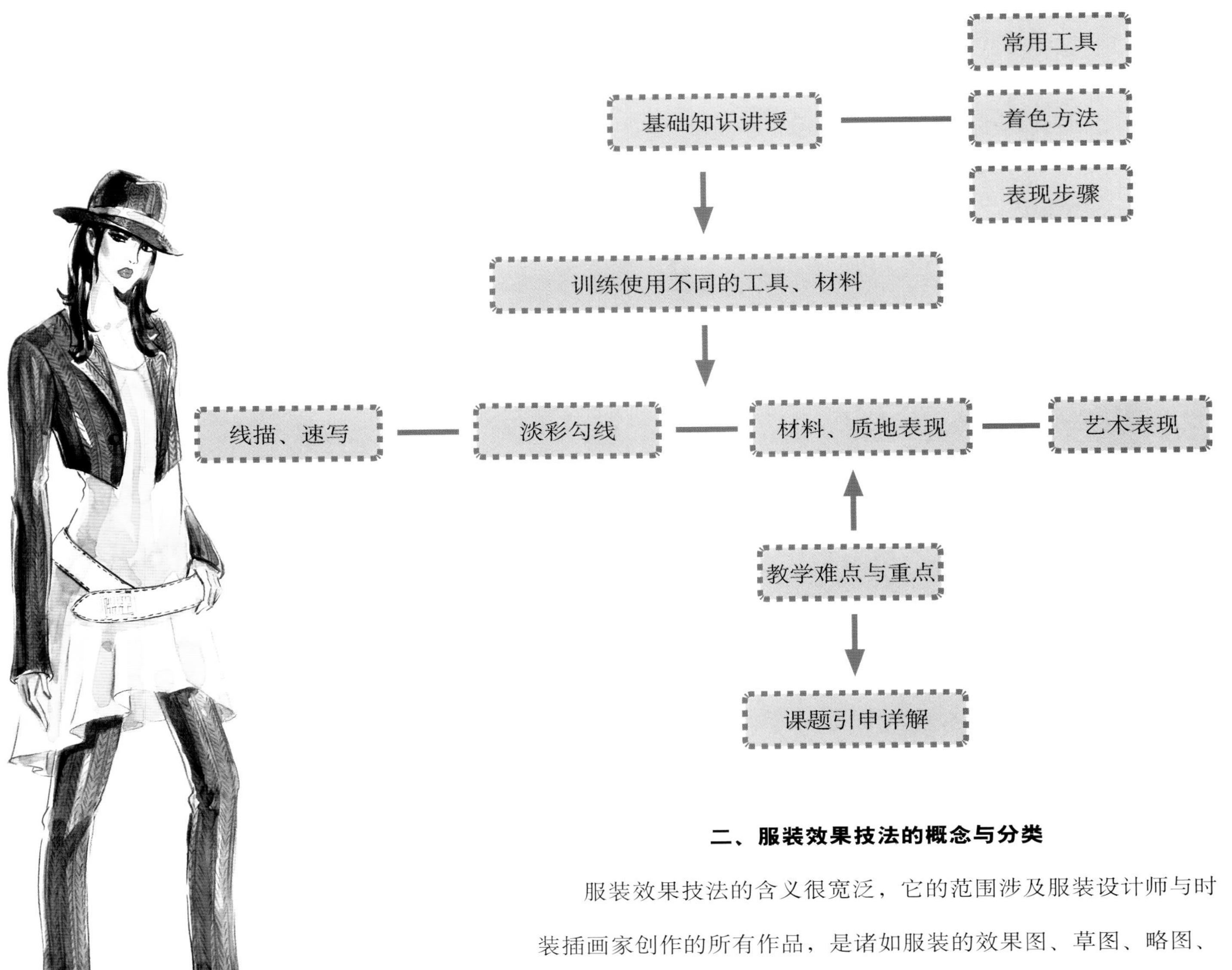

二、服装效果技法的概念与分类

服装效果技法的含义很宽泛，它的范围涉及服装设计师与时装插画家创作的所有作品，是诸如服装的效果图、草图、略图、示意图、式样图，以及服装海报、装饰性服装画等与服装有关的绘画形式的统称，又称时装画。根据不同的需求、形式和内容，时装画可以分为服装设计效果图、服装式样图、服装结构图、服装速写、时装招贴画、服装插图画、装饰性时装画等。

1. 手绘服装设计效果图

手绘服装设计效果图指的是用以表现时装设计构思的、概括性的、快速的绘画，是设计师在创作过程中对设计思路的迅速捕捉，是一种描述性的绘画，设计师通常将注意力放在服装的结构上，目的是为了表现人物着装后的艺术形象和效果。要求能够描绘出关键的设计元素，即非常重要的是不仅要画出服装的外形轮廓，而且还要画出服装的细节，诸如选用的面料、花样以及所运用的色彩等。

2. 电脑设计效果图

计算机技术的运用大大增强了服装设计、绘画、制作、经营系统各个要素的关联度，在技术层面中，如制版、拼版、裁片、机绣等许多环节里，数码技术的运用正在全面替代手工及半自动化制作，从而使服装制作避免了人为造成的误差，更趋完美和规范。

HELMUT LANG
CALVIN KLEIN
IZAK

TAXI
MARCOS

MAP

3. 服装款式平面图

服装款式平面图又可称为设计草图、略图、样式图等，它将服装的外轮廓（服装的外形特征）和服装的内轮廓（衣领、开襟、结构线、扣子等）进行合乎比例的、协调的、非常清楚的组合，并将它们描绘出来。款式平面图的绘制不显示人体，而是以平面方式表现，在绘制时，要求符合相应的比例关系，力求规范，清楚、准确地表达款式特征，是设计师提供给顾客或者工程制作部门所用的图样，是为生产和制作服务的一种表现形式。

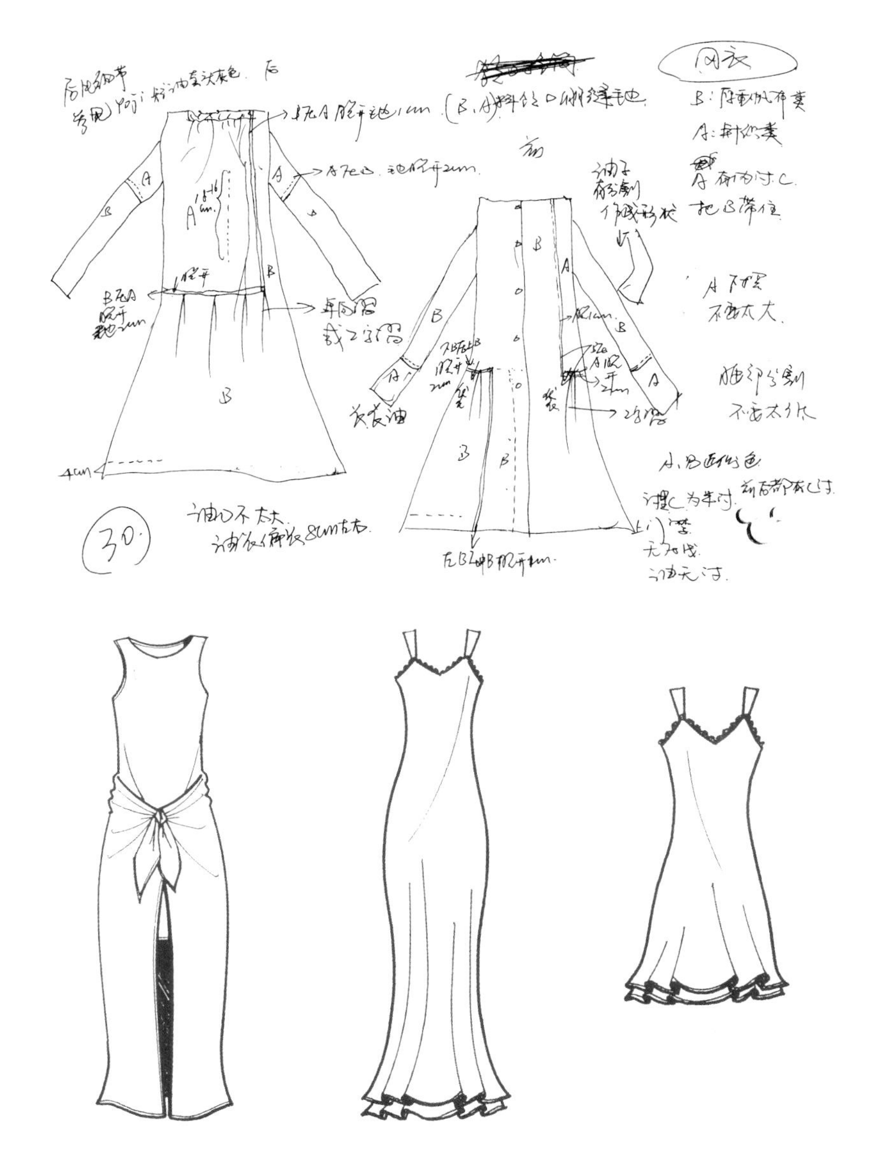

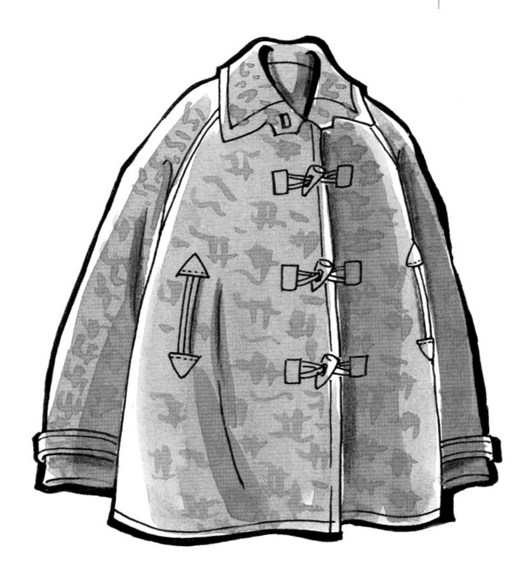

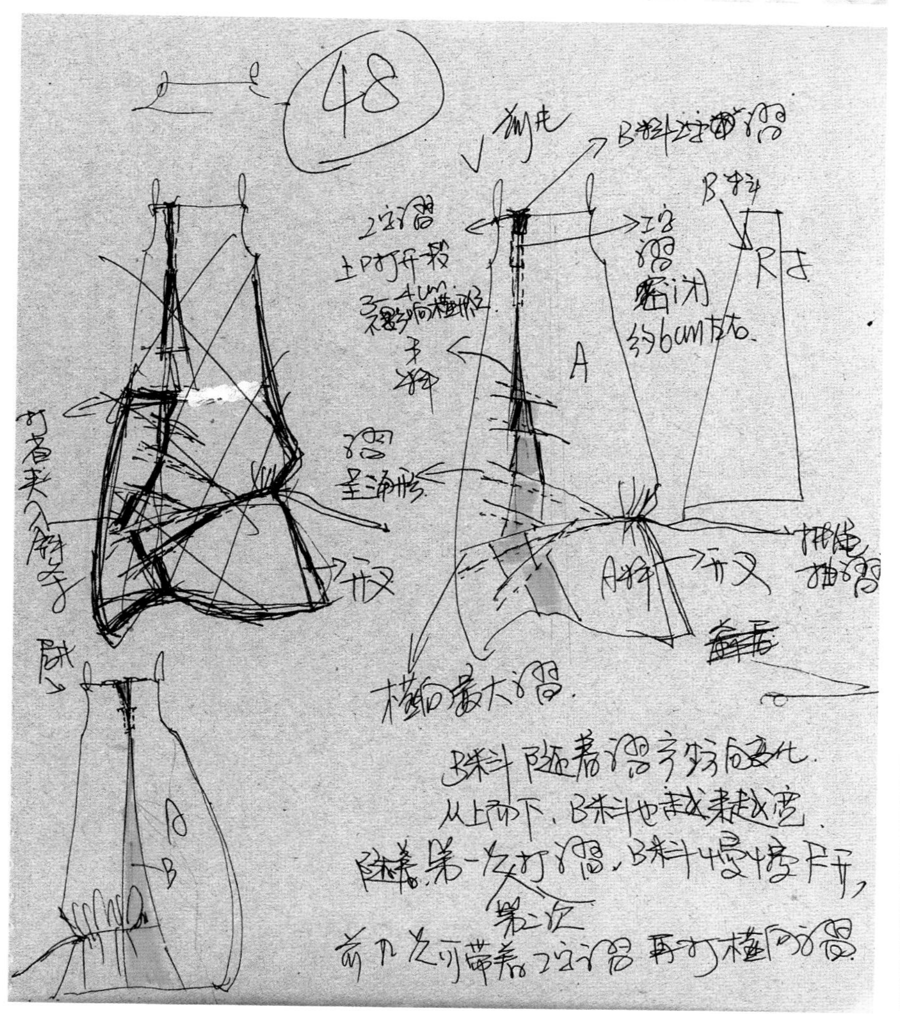

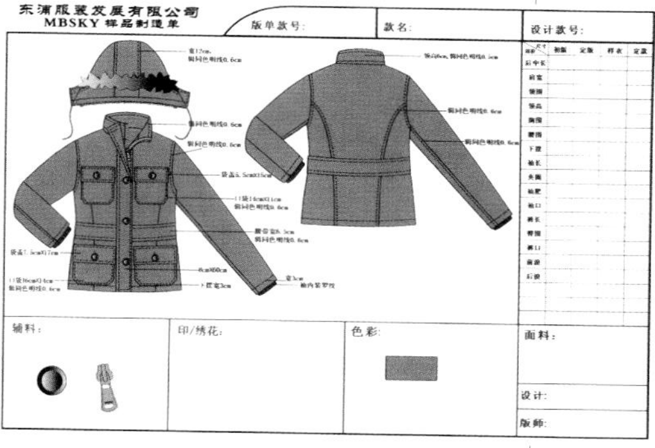
东浦服装发展有限公司
MBSKY 样品制造单

版单款号:　款名:　设计款号:

辅料:　印/绣花:　色彩:　面料:

设计:
版师:

4. 时装速写

时装速写是一种快速地、简练地、流畅地捕捉和表现服装的绘画方式，是设计师迅速表达头脑中的灵感闪光，以及收集资料最简便的方法，也是时装设计师和时装插画家的基本功。无论是画欣赏性的服装画，还是画实用性的时装速写，都必须具有扎实的美术基本功，严格的素描、速写和默写训练，是获得基本功的必要手段。

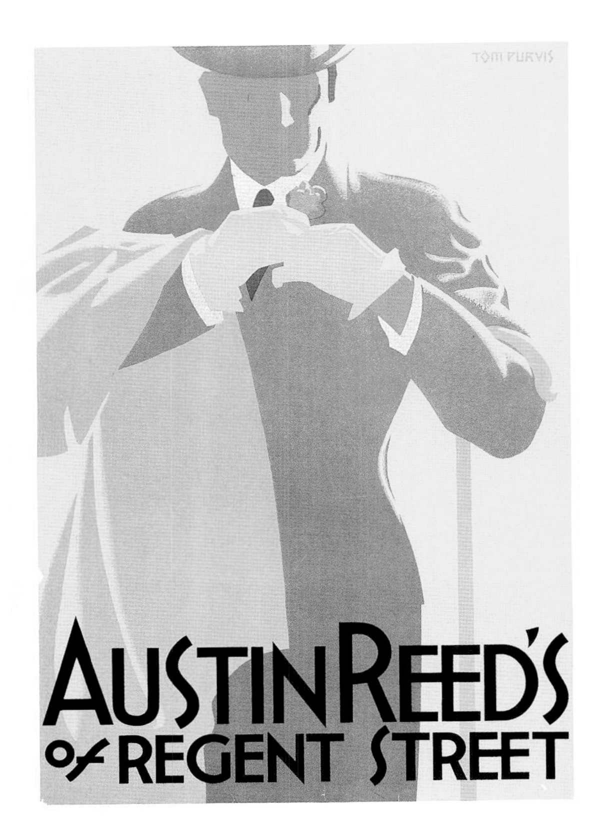

KENNETH PAUL BLOCK
A RETROSPECTIVE

JUNE 2 - 26, 1999
SOCIETY of ILLUSTRATORS
MUSEUM of AMERICAN ILLUSTRATION

5. 时装插画

时装插画本身就是一种艺术表现形式，它并不需要完整地展现服装，常常用来表现设计的灵魂、个性特征和思想内涵，它要求在绘画手段的运用方面更具有创造力。时装插画又分为时装招贴画、时装漫画、装饰性服装画等几种形式。

（1）时装招贴画：也称为时装广告画，目的是为推广新款式，或为品牌宣传和销售服务。此类作品注重艺术感染力和广告宣传作用，在形象、色彩、构成关系等方面都力求主题明确并具有强烈的视觉效果。

Autumn means...
JAEGER

VOGUE
PATTERNS
VINTAGE VOGUE
MAKE IT
YOUR OWN
2239
an original design
from 1950
Rediscover the allure of custom couture with Vintage Vogue, sewing patterns and instructions for timeless designs from the '30s, '40s and '50s. These and other fashions from Vogue Patterns are available at fine fabric stores.
www.voguepatterns.com

HARPER'S BAZAAR
LONDON SEASON
Dorothy L. Sayers
Richard Hughes
Sylvia Thompson
Clare Sheridan

FASHION

femina
dans ce N°
LA MODE
DANS LE MONDE
et les ensembles pratiques

(2) 时装漫画：采用夸张、象征、诙谐等手法，表现服装特征的一种时装插画形式，具有有趣、幽默的艺术感染力。近年来时装漫画广泛流行，深得各类人士喜爱。

Mona Lisa
15x20cm

T
ANNA & THOMAS

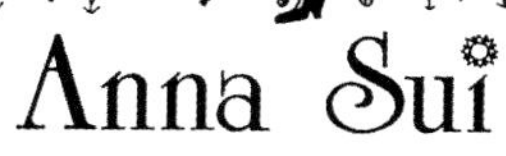
Anna Sui

（3）装饰性时装画：这是一种为欣赏而作的时装插画，除了表现服装的样式及穿着效果之外，它更注重艺术感染力，注重画面背景和整体艺术气氛以及线条和笔触特质的表现。

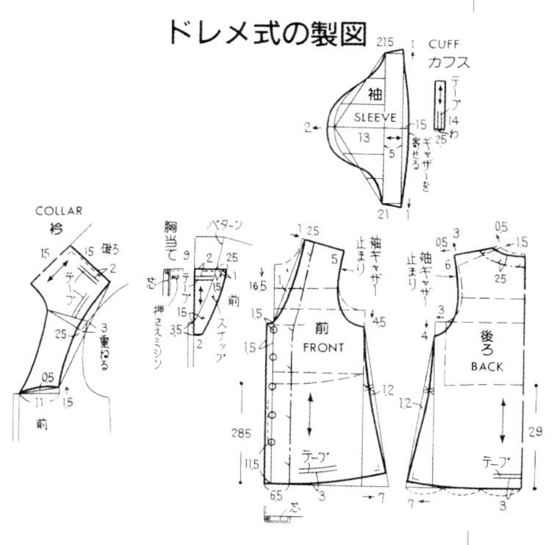

6．服装结构图

服装结构图又称服装裁剪图，是对服装各部分的组织方式和内部构造的表现。服装结构图利用直尺绘制服装的前衣片、袖片等，要求比例正确，图案工整。

三、时装画的历史和流派

时装画的历史就是一段不断变革的历史。仅以20世纪为例，时装插画的风格前后就有显著的变化，同样，各个时期所流行的时装人物形象也发生了重大变化。受到新媒体的影响，风格迥异的绘画方式不断涌现。正因为时尚潮流瞬息变幻，因而时装插画的人物造型也不可避免地发生着戏剧性的变化。这里将着重探讨这些变化是如何发生的，更重要的是，往昔的风格是怎样对当今的插画发生影响的。

数个世纪以来，艺术家们一直从服装与面料中获取灵感。时装插画师的作品不仅描述了最新的时尚潮流，同时也为这些服装的创造者们进行了创意性的宣传。早在17世纪中叶，温塞洛斯 · 休勒就开始用蚀刻版画来详尽描述服装的细节了，这被视为是时装画的开端。到了18世纪，时尚的观念开始通过报纸、杂志等媒体在西欧、俄罗斯以及北美流传开来。最早的时装主题雕刻图版发表在1759年的《女士》杂志上。19世纪时印刷技术有了革命性的发展，至此时装的表达开始得以广泛传播，时装插画便再也没有离开过媒体的舞台。

19世纪末、20世纪初

“新艺术”运动是19世纪末、20世纪初（1890−1910）设计史上的一次非常重要并具有相当影响力的国际设计运动。

“新艺术”运动反对工业化所带来的粗陋感和维多利亚时期所遗留下来的矫揉造作的习气，主张完全摒弃对于历史的依赖，从自然界（尤其是从植物、动物）中汲取造型灵感，以感性流动和委婉交织的有机曲线非对称架构为主要装饰特征。“新艺术”运动对传统手工艺极为重视，尤其推崇当时日本的浮士绘和装饰风格。由于“新艺术”运动的这些特征，因此常常被称为“女性风格”。

SARAH·BERNHARDT
RevolutionApparel.tk

20世纪20年代

Fig. 1. A Design in Four Colours for Cover of Catalogue

第一次世界大战时期无疑是一个社会剧变的历史阶段，同时它也对文化和艺术领域产生了戏剧化的影响。妇女解放运动的结果是将妇女身上繁琐的、毫无实际用途的装饰物统统摒弃，催生了全新的妇女形象。在这一历史时期的时装行业中出现了两位具有重大影响力的女性代表，她们是可可·夏奈尔女士和维内特女士。夏奈尔凭借其简洁的风格、必备的珠宝装饰，维内特则以其斜裁服装的形式，开创了一个新的时代。这两位设计师都在这一时期开设了自己的时装店，并开始为越来越多的妇女提供服装。

直到20世界20年代之前，时装插画中的人物形象一直是按相当写实的比例来描绘的。然而，当20年代的艺术作品以及时装设计变得越来越趋向于简化、线条化时，时装人物造型也开始发生了同样的变化，插画开始向人们展示更加修长、线条明朗的人物形象。在埃迪奥多·嘉希亚·贝尼托、圭勒莫·波林以及约翰·赫尔德等插画师的作品中纷纷出现了夸张的人物造型。贝尼托在为《时尚》杂志所创作的大量令人难忘的封面插画中，用充满张力的表达方式展现了获得解放后的妇女的精神气质，这些插画成为这个时代的缩影。他的人物形象通常修长，作品不无抽象化的风格，被应用于平面设计中时，往往通过微妙的色彩对比而获得更强烈的效果。

Les Elégances Parisiennes

COSTUMES DE JERSEY

Modèles de Gabrielle Chanel (*fig.* 257, 258 *et* 259)

20世纪30年代

20世纪30年代早期，时装杂志开始从文字与广告两个方面充分发挥时装插画的作用。时装人物造型又回复成为更加写实的女性形象，绘画线条更加柔和、圆润，更加贴和人体。一种新的浪漫主义风潮在卡尔·埃利克森、马歇尔·沃特斯、芮内·波埃特·威廉姆斯以及塞希尔·贝顿等插画师的作品中得到了充分的反映。

在30年代末，时装摄影师开始取代插画师的角色成为时装设计界的新宠，正如照相机取代了画笔而成为时尚广告界的新宠一样。

20世纪40年代

第二次世界大战期间，许多欧洲的时装插画师来到美国，因为这里能提供更多的工作机会，他们当中的一部分人从此再也没有离开过。40年代早期的插画风格仍然延续了与30年代相同的浪漫主义风格。而对40年代的时装插画发展产生重大影响的除了克里斯蒂安·伯纳德、汤姆·基奥之外，还有三位名字中有着“芮内”的插画师。

芮内·波耶特·威廉姆斯在20世纪30年代至40年代期间一直在为《时尚》杂志工作。受到艾利克的影响，他的插画具有表现主义的风格特征。

芮内·鲍什的早期插画风格有着独一无二的黑白特色，而他在后期则有了发展，创造出了强烈的色彩效果。他那种精准的绘画风格完全以严谨的观察为基础，而他的作品常常是以占据两个对页的大幅画面形式出现在《时尚》杂志上。

芮内·格鲁瓦最著名的作品或许莫过于为克里斯汀·迪奥所创作的广告“新视角”，这使芮内·格鲁瓦与迪奥设计公司之间建立起长达50多年的专业伙伴关系。受到毕加索、马蒂斯的影响，格鲁瓦的风格大胆、奔放，他使用黑色的笔触为人物勾勒轮廓，使细节尽量精简，并着力表现动态的造型。格鲁瓦赋予作品极强的速度感与偶然性特征。但是他承认，在创作一幅插画之前他至少要做30张草图的准备，这一点，对我们所有人来说都是一个重要的经验。

that Ayres look
L. S. Ayres & Co.
INDIANAPOLIS
Eric

Adam

20世纪50年代

战后的50年代是一段发展及继续扩大影响的时期。科技的发展为时装设计界引人了塑料、尼龙搭扣、莱卡面料等新型材料，这时插画师们面临着如何用画笔表现这些人造面料的全新挑战。电影、电视所展示的光鲜夺目的时尚生活画面令人眼花缭乱，而相比之下插画的应用开始走下坡路。然而，许多成名于40年代的插画师们仍然在延续自己的事业，与此同时，一些新生代艺术家（例如奇拉茨、达格玛）则开始崭露头角。

作为自学成才的艺术家，奇拉茨成名于50年代，今天仍然在创作时装插画。来自于开罗的他后来移居巴黎，在那里，他用非常具有卡通风格的造型方式来表现性感、世故的巴黎人的生活。从他的插画中所流露出的鲜明个性与时尚感，影响了不少当代的插画师。

20世纪60年代

在“摇摆的60年代”，青年文化占据了统治地位，保持年轻、无忧无虑、自我放任成为当时的时尚观念。50年代末期所流行的少男少女形象意味着时尚需要一个更年轻，更时髦的外表。插画中的人物姿态由端庄转向聪明、灵巧、动感。然而，对于时尚杂志而言，摄影师的重要性已经超过了插画师，摄影师与模特们开始为自己的存在而欢呼雀跃。

在这个时期，只有一位插画师像以往的插画明星一样发出耀眼的光芒，他就是安东尼奥·洛佩兹。他是如此才华横溢以至于其时尚的插画作品形象地表达了年轻一代的叛逆态度，并充分表现出在这个光怪陆离的年代里时尚所占据的舞台中心位置。洛佩慈似乎拥有无穷无尽的想象力，他可以用各式各样的媒介、材质来尝试各种可能的风格。当新一季来到之时，他都会尝试一种新的插画技巧，而这种风格很快便会受到他人的追捧。洛佩慈曾经是、并且现在仍然是具有重大影响力的时装插画师。

Dress and jacket knitted in Courtelle
by Louis Feraud at Rembrandt.
Style 9115. About £24.
Dress knitted in Courtelle
by Louis Feraud
at Rembrandt.
Style 9122. About £25.

2

The culotte cult in Tricel
at
Neatawear
Two-way, new-way, all-shaped culottes.
Bright for day-time, play-time or party-time.
And all in Tricel, so easy-care is second nature.
Culottes at Neatawear. They're strides ahead!
From a large selection of
Neatawear fashions in
TRICEL
Left: Evening culottes in oranges or
purples. Sizes 10-14. About 8½gns.
Centre: Shirtwaister culottes,
yellow/green, pink/yellow, blue/
mauve. Sizes 10-14. About 99/11.
Right: Play culottes, pink/green, blue/
mauve, yellow/purple. Sizes 10-14.
Available at most Neatawear Branches
or through Postal Service at:—
12-14 Clipstone Street, London, W.1.

20世纪70年代

到了70年代，摄影仍然在时装及广告领域占据着统治地位。安东尼奥仍然在继续自己的事业，而他也与此时的一批新生代插画师一样正受到波普艺术、迷幻艺术的影响。70年代前期的插画作品往往具有戏剧化的色彩效果与大胆的图案形式，诸如勒伦佐·马特托蒂、麦茨·高斯特森、汤尼·维拉蒙特斯等插画师，不断通过自己的作品发表新的观念，他们创作的那些画面富有冲击力的作品也使他们在时尚界扬名。

到70年代末期，一种高度成熟的现实主义风格出现在时装插画当中。这些特征在大卫·瑞蒙弗雷的作品中表现得尤为明显。他用钢笔、墨水搭配淡薄的水彩颜色来表现非常写实的女性形象。这位艺术家用坦率、直接的方式描述了这个时期女性所特有的性感、大胆的性格特征。瑞蒙弗雷的作品是为史黛拉·麦卡尼所创作的带有浓郁的70年代怀旧色彩的广告插画。

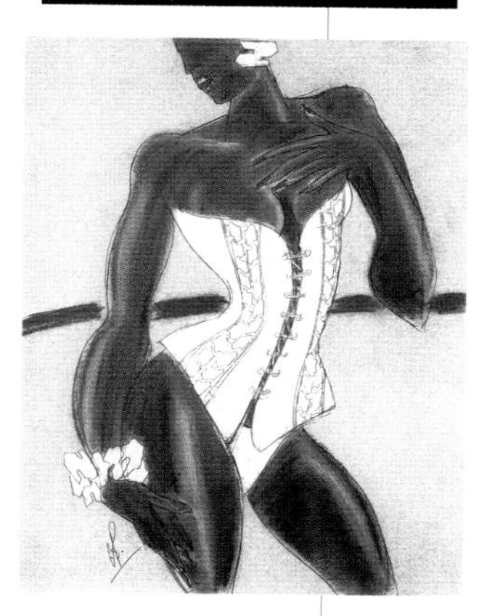

20世纪80年代

20世纪80年代的插画风格是如此的卓然出众，使人坚信时装插画重返时尚舞台的时候到了。宽大的垫肩、棱角分明的时装线条，这些80年代所特有的时尚元素无不被插画师们运用到极致。这一时期的化妆极具表现力，模特们的造型也相当富有戏剧化色彩——所有这些都为时装插画重新占据时装杂志铺平了道路。

安东尼奥·洛佩慈继续受到召唤来为这个时代的男人和女人

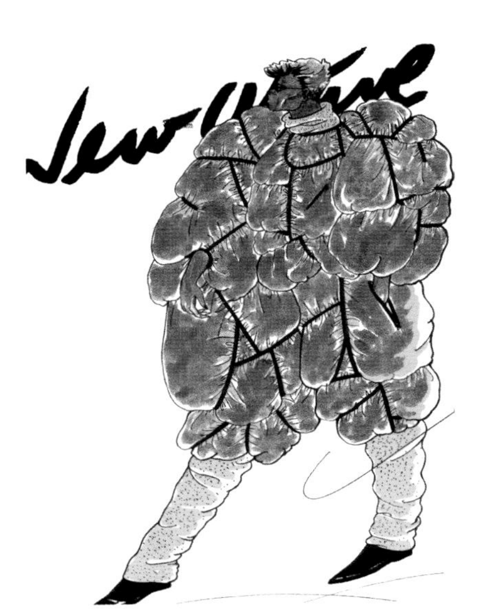

创作肖像。同他一起工作的还有卓特兰、格雷蒂斯·佩林特·帕尔姆，以及费尔南多·波特罗等艺术家，他们不断创作出具有革命性的实验作品。

卓特兰是第一位在手绘时装插画上拼贴照片及各式各样的三维物件的艺术家。与过去插画师们变革性地运用艺术媒介一样，卓特兰更为大胆地运用布料、花卉、宝石、无机物、有机物等各种材料来表现插画中的时装。帕尔姆为杂志提供插画服务，并因为维维安·维斯特伍德、奥斯卡·德·拉伦塔、米索尼以及雅诗兰黛等知名品牌创作广告插画而闻名。80年代的另一位著名插画师、曾经为法国创作作品的费尔南多·波特罗，自始至终秉承着一贯的艺术风格——他的插画作品所描述的全是肥硕、圆润、奢侈享乐的女人。波特罗打破了时装界一贯认为“胖”即“不美”的传统观念，独创了一种充满娱乐气氛的超级时尚感觉。

20世纪90年代至今

到了20世纪末期，时装插画不再是人们眼里屈于摄影之下的艺术形式，相反人们都相信它将重新焕发光彩。贾森·布鲁克斯、弗朗希斯·贝托德、格拉罕姆·朗斯韦特、让·菲利普·多尔霍姆、麦茨·高斯特森等插画师成为率领时装插画重新杀回阵地的先头部队。

电脑、数码技术在插画上的应用在这一时期获得了飞速的发展。一些新时代的插画师们通过铺天盖地的作品塑造出某种高度时尚化的亚文化，如贾森·布鲁克斯用电脑工具描绘的伦敦普莎酒吧里夜生活场景，朗斯维特通过苹果电脑塑造了一系列纽约街头的时髦青少年形象。朗斯维特为李维斯牛仔服装所创作的广告插画被张贴到街道两边的巨型看板上——而这也是时装插画卷土重来的标志之一。不仅如此，由大卫·当顿描绘的身着高级时装的超级模特形象也重新覆盖了各大报刊杂志。

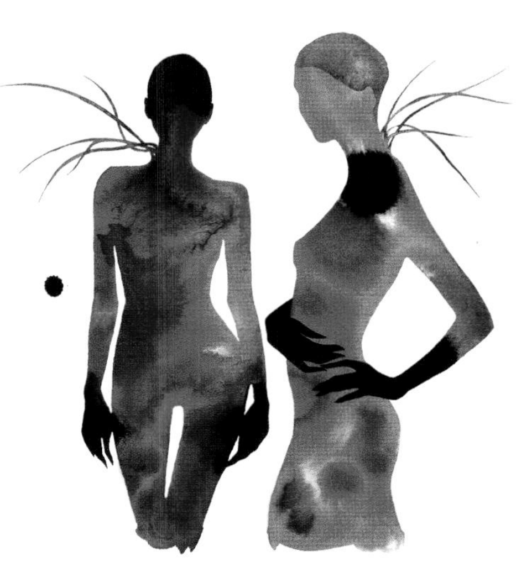

off-centre
a riot on old street

CHECK

GRAY

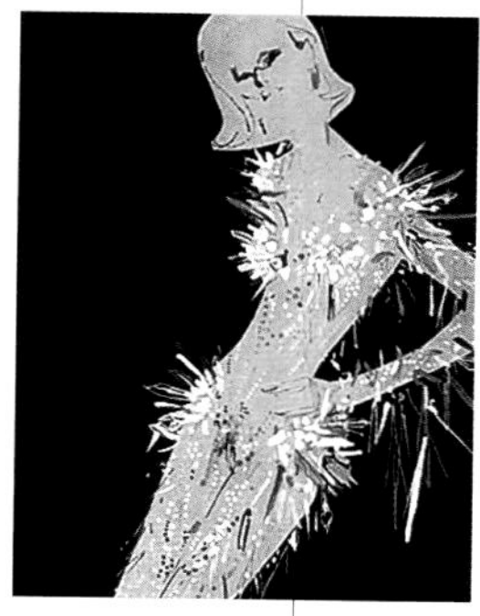

作业

查找服装史上影响巨大的不同风格的时装插画家的详细资料，选取其最具代表性的作品各一张进行临摹，体会其画风与技法。

思考题

体会不同时期的艺术大师强有力的表现风格和视觉效果，研究其差异性，针对自己的创作学习相应的画风和技法。

四、基础知识与准备

（一）常用工具与材料

今天设计师和插画家们可以选用的媒介和材料非常丰富，几乎可以用数不胜数来形容。一般来讲最基本、常用的工具是水彩画具。时装效果图只要有纸张、铅笔、水彩画具就可以进行创作了。但为自己的创作风格与工作方式寻找一种合适的媒介，不失为一种良好的创作方法，它将帮助你创作充满自信的作品。在选择工具的时候，要充分考虑自己的个性因素，经常尝试使用不同的创作工具，会使作品更加具有创新性。下面给大家介绍几种常用绘制工具和辅助绘制工具：

1．勾画线条用具

铅笔（H～3B）是一种既方便又富有表现力的工具，它能够将一种构图或者瞬间即逝的视觉信息记录下来，几乎所有的艺术作品都是以铅笔稿作为开端的。同时，铅笔也是快速勾线的理想工具，能创作富有表现力的明暗调子素描，并且具有易于修改的特点，是应用非常广泛的一种工具。

钢笔、绘图笔：经常用来给效果图或款式图描线，特点是线条流畅、精美，非常清晰、规范，可以表现复杂的刺绣、编织等纹样，但缺点是不易于修改。

炭条、炭精条和炭素笔：是很多插画家非常喜爱的工具，通常具有一种生动的画面氛围，能够赋予创作者更多的自由与创意表达空间，在这点上，这类工具要略胜铅笔一筹，因此这类工具实际上非常适用于表现时装插画。

炭条是将较短的小树枝放在密封的窑中经高温烧制而成，呈条状或小棍状，长度在10～15厘米之间。炭条的质地较松脆，易折断，在作画时如果控制不当容易将画面弄脏。但炭条松软的质地很适合“擦”的表达方法，色调衔接、过渡柔和，表现力很强。

炭精条是由压紧并经过黏合的石墨粉制成的，它的特点是在划过纸面时能够制造出最大胆和富有想象力的素描效果。通过旋转炭精条的末端，以不同截面例如平滑的或尖尖的来接触纸张，能够获得截然不同的笔触效果。

将炭条压缩嵌入木质的笔身制成铅笔的形状，这就是炭素笔的制作过程。炭素笔比炭条要容易掌握，画面看起来也更干净整洁。炭素笔的质地更加紧密、坚硬，笔头可以削尖，更容易表现精确的线条。

2. 常用着色用具、颜料

水彩颜料（包括湿粉饼等水彩固体颜料）：水彩颜料使用起来很方便，因而常常会成为插画师们的首选，你只需要准备一个颜料盒、笔刷、纸以及清水就可以开始工作了，并且由于水彩非常易于携带，很适合外出工作时使用。水彩颜料非常适合于为铅笔时装画添加色彩，为钢笔、炭条等添加笔触，以及为线描速写添加色彩细节，效果都很出众。

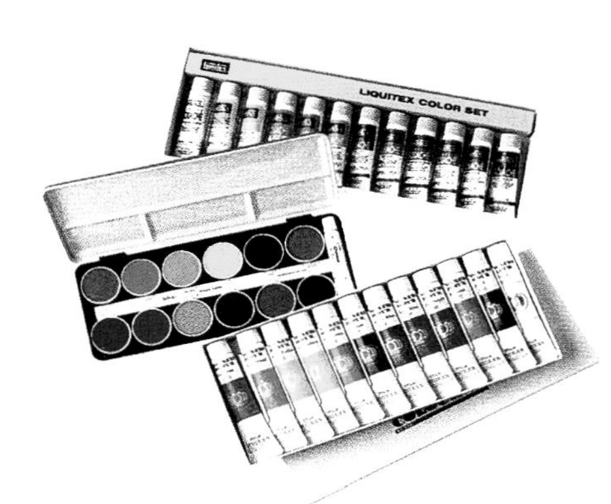

水粉颜料：具有不透明、色彩强烈、表面无反光、适于复制等特点，适合平涂大面积的颜色，干透之后非常平整。

麦克笔：有单头和双头、水性和油性之分。油性麦克笔易干，具有耐水性，而且很柔和，耐光性相当好，颜色多次叠加也不会伤纸。水性麦克笔则颜色亮丽，有透明感，但多次叠加颜色后会变灰，而且容易伤纸。用蘸水的麦克笔在纸面涂抹的话，效果跟水彩一样，能迅速地表达效果，是当前最主要的绘图工具之一。

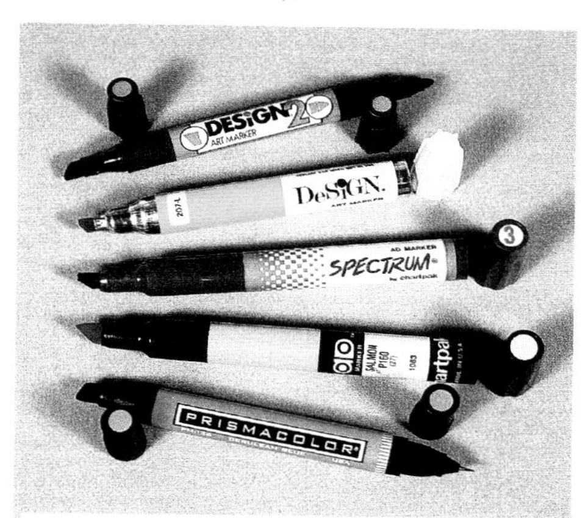

麦克笔的特点是笔头坚硬，是笔触表现的好工具。具有快干性，能表现众多的色相和明度，色彩表现均匀平整，是能构建不同的画面层次，表现深沉的色调，将色彩准确地绘制到设计手稿中的最快捷和简单的绘画工具，但价格昂贵。

彩色铅笔：分为油性彩色铅笔和可溶性彩色铅笔两种。

油性彩色铅笔的颜料中加入了蜡，所以具有防水性，有铅笔和炭条的一些特性，绘制时有一定的笔触，具有容易控制、色彩鲜艳、便于携带等特点。

可溶性彩色铅笔具有一切油性彩色铅笔所具备的基本功能，区别在于可溶性彩色铅笔的笔芯成分含有可溶于水的物质，绘制时可以在无水的情况下先将颜色直接画在纸上，然后再用笔蘸水将画面中的颜色晕开来，制造出一种微妙的水彩效果。

蜡笔：蜡笔以字面上的意思来看是以蜡制成的笔，而实际上的蜡笔原料除了蜡之外，有些是以白垩或木炭制成的。若是以油性白垩为原料，则被称为油粉彩（油性粉蜡笔）；若纯粹以干燥方式将颜料进行结合，则是一般的粉彩（粉蜡笔），又称为油画棒。蜡笔没有渗透性，是靠附着力固定在画面上的，不适宜在过于光滑的纸、板上使用，亦不能通过色彩的反复叠加求得复合色。但通过轻擦或厚涂以及色彩之间的色相对比，蜡笔画也能收到浓丽鲜艳、沉着厚实的艺术效果。另外，我们还可以用蜡笔画的粗细笔触直接进行艺术造型，塑造高度概括的艺术形象。蜡笔画具有特殊的稚拙美感。

色粉笔：制作原料包含优质的矿物质颜料与白垩，将这两者混以胶质黏合并压缩成条状就制成了成品的色粉笔。它既可作为素描工具，又可作为色彩工具，它不透明，特别适合表现彩色的背景和大面积的涂色。它既有油画的厚重又有水彩画的灵动，且作画便捷，绘画效果独特，深受西方画家们的推崇。

色粉笔的颜色极其丰富，有550余种，可以画出色调非常丰富的画面，不过一般5～100种左右就够用了。笔触很轻的色粉笔作品，用嘴一吹就能吹掉许多颜色，所以定画液的使用极为重要。

3. 纸类用品

包括素描纸、铅化纸、水彩纸、复印纸等。

4. 调色用具

包括调色板、涮笔槽、擦拭用毛巾等。

5. 其他用具

包括尺子、橡皮、裁纸刀、双面胶等。

（二）时装画的表现方法

1. 用线表现形体并与淡彩结合的表现方法

这是一种用水彩颜料着色，结合钢笔、铅笔或炭笔勾线的表现方法。

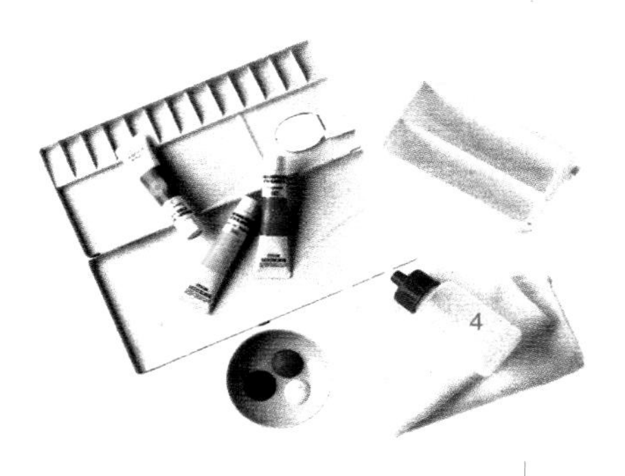

特点：水彩颜料透明、易干、色彩亮丽，画面表现轻松。在使用水彩颜料的服装画中，用具有表现力的线条来强调人物造型和款式结构，是常用的表现方法。水彩颜料因是透明的，因此作画需要一气呵成，不能有过多的雕琢和修改。要保持水彩的轻快、透明、干净、活泼、自如的感觉，最后在必要的地方稍加刻画。待色彩全部干透后开始勾线，由于上色比较简洁且不作深入刻画，勾线对造型起着至关重要的作用，线条要表现人物的发型、五官特征、手足的动态、服装的结构、衣纹的来龙去脉和质感，用笔要简洁生动。勾线所采用的工具可以是铅笔、麦克笔、钢笔、彩色铅笔等，要根据着色的纯度或明度的高低来进行选择，干干净净、清清爽爽的画面效果是淡彩勾线所表现出来的最大特征。

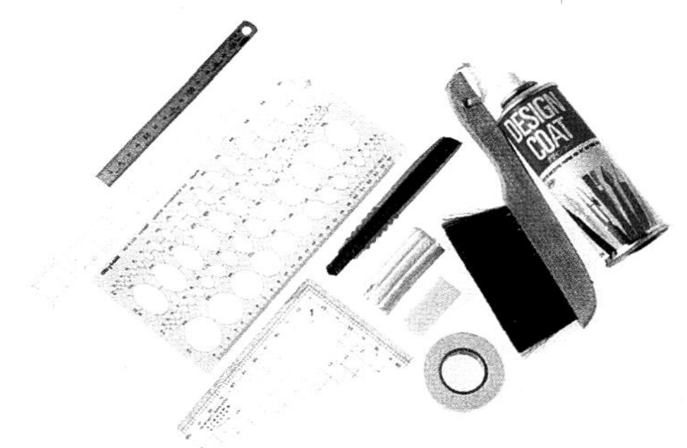

2. 水粉着色法

水粉颜料具有较厚重、覆盖力强的特点，可以用来表现质地较厚的呢料、毛料、皮革等。由于水粉颜料的覆盖性强，易于改动，不容易失败，表现方法也不难掌控，因此，水粉着色法是初学者易接受的一种表现方法。水粉着色法分两种：一是写实法，写实的作品可以用于服装广告，也可只供欣赏，如果是画服装效果图，则表现要相对概括些。二是平涂法，平涂的方法相对简单，可先着色后勾线，也可先勾线后着色，也有用色块与色块的对比来省去勾线的。由于平涂的色块本身比较单纯，在处理色块之间的关系时要注意彼此间的色彩对比与协调。人物造型应带装饰性，与平涂的色块形成同样的装饰意味 。

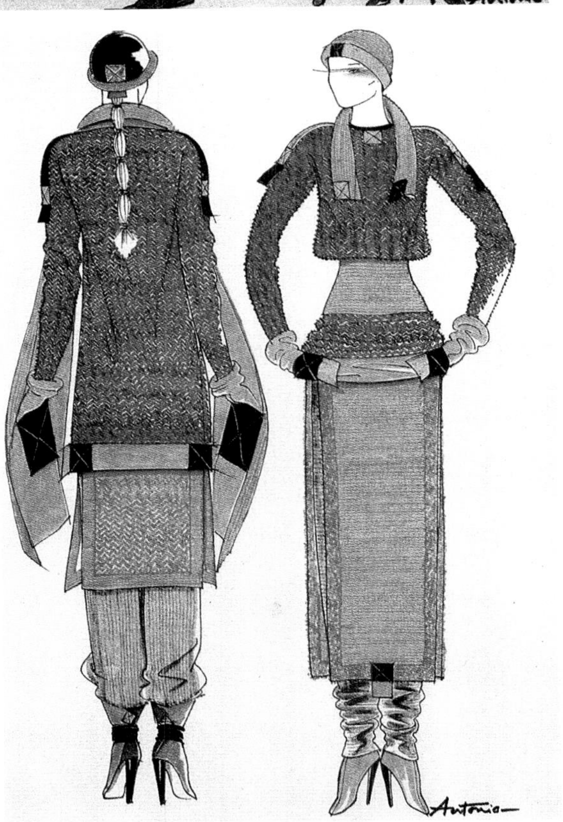

3. 彩色铅笔写实法

这是一种以彩色铅笔为作画工具的表现方式，特点是便于掌握，有一定素描基本功便可以做到得心应手。利用彩色铅笔的色彩的多样性，可进行细腻、柔和的刻画，具体而深入地表现服装的款式特征、图案细节、色彩和面料质感。如果设计师有较强的素描基本功及较好的色彩修养便能更好地表现出服装的结构、材料的质感。用彩色铅笔写实法既能创作出具有实用功能的服装效果图，又能创作出具有欣赏价值的服装艺术画。用彩色铅笔给服装效果图着色，既方便又快捷。

½
3
4
5
6
½

4．素描表现法

素描表现法必须具有较强的素描功底。素描表现可以使用铅笔，也可以使用炭笔。由于其表现力强，既可使用变化多端的线条表现出丰富的黑、白、灰层次，又便于深入刻画人物形象，表现服装的款式结构特征及面料的质感和对象的立体感。服装的素描表现较之其他绘画的素描表现有所不同，其用笔以及黑白灰的层次处理比较概括，尽量减少不必要的灰色层次，外轮廓大多用勾线表现。

5. 麦克笔表现法

麦克笔表现法是设计师用得最多的方法之一。麦克笔的特点是易干，色彩艳丽透明，不必调色。麦克笔的颜色也是多种多样的，非常丰富，使用起来也非常方便快捷。在着色时，如果在画面留出适当的白色，会有更加生动、透气的感觉。另外，勾线应注意人物造型的结构，线条应流畅，要有粗细变化。用麦克笔以平涂的方法表现装饰性服装画，着色方便，色彩鲜艳强烈，具有较好的装饰效果。作画方法是：用铅笔淡淡地勾线定稿以后，用麦克笔沿着轮廓线均匀而自然地进行描绘与着色，注意用笔的方向、色彩的明度对比以及协调。勾线可以用钢笔、铅笔，也可以用彩色麦克笔。

6. 色粉笔表现法

色粉笔具有覆盖力强的特点，结合水彩或水粉可以对画面作进一步的刻画。由于没有水分的干扰，表现起来显得得心应手，特别是利用有色纸的底色，既能快速地表现又能获得好的效果。色粉笔还能深入细致地表现人物形象及服装面料的质感，适用于装饰性服装画、服装插图画、服装广告画、漫画服装画等。因此，色粉笔在服装画里的使用非常广泛。作画方法是：定稿以后用水彩或水粉画底色，然后用色粉笔进行刻画和充实画面。

7. 油画棒表现法

油画棒是带有油性的色棒，色彩丰富，多达几十种，覆盖力强。油画棒适合用来表现质地粗糙的面料，与水粉或水彩结合起来使用能表现出特殊的质感效果。

8. 剪贴法

剪贴法是根据设计要求和画面效果，将彩纸、报纸、画报或布料剪贴成需要的形态，组成服装效果图或服装画的一种方法。人物的头、手和画面背景可以用手绘，某些剪贴的部分也可以用手绘方法以增加层次感和统一色调，这种方法可以使画面显得新鲜，具有装饰趣味。

对铅笔、钢笔、炭笔、麦克笔等不同的绘画工具的使用会制造出不同的艺术效果，对不同画具的特点进行了解、掌握和研究，并从中找出最合适的绘画方式是时装画的学习过程中不可缺少的一个环节，下面的范图是用六种不同工具表达的同一形象。

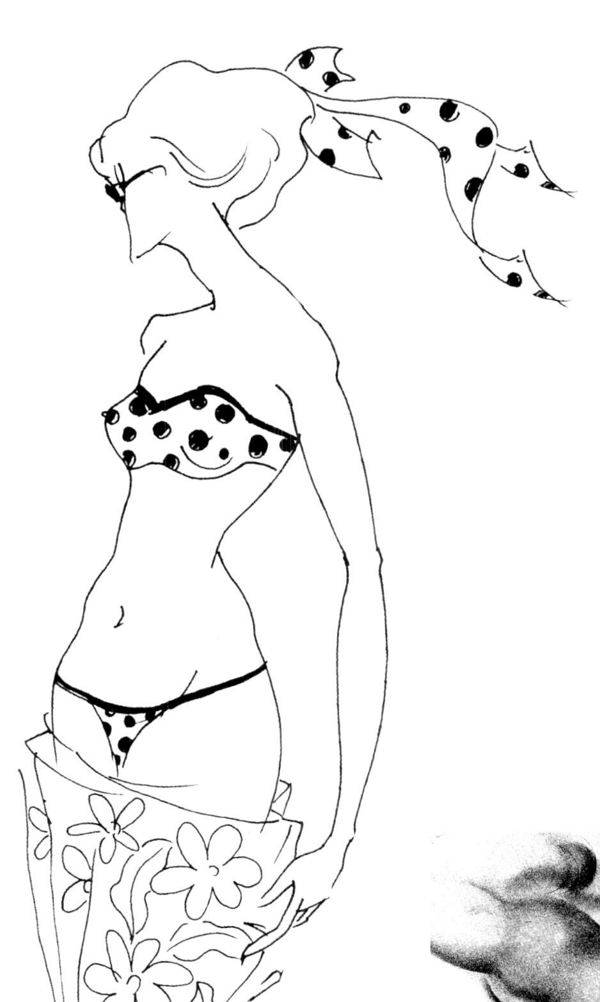

（三）人体比例

人体和服装是时装画的两大构成因素，因此，对人体和服装以及两者之间的关系进行研究是非常必要的。学习者应当对正常的人体比例有一个理性的认识和基本的把握。在日常的设计中，效果图需要在实际的工作流程中起到清晰传达设计构思的作用，而不够准确或者夸张的人体比例和服装结构，会使得服装制版师以及样衣师产生误读而制作出不合格的产品，同时掌握人体比例也是时装画创作的基本功课。因此，精确地掌握正确的人体比例关系是非常具有现实意义的。

通常情况下绘画性人体是对正常人体比例关系的表现，画家对人体的解剖关系——从骨骼的形状到肌肉的走向应有准确的表达，并且要表现出明暗关系、体积和块面起伏等，而时装画则更

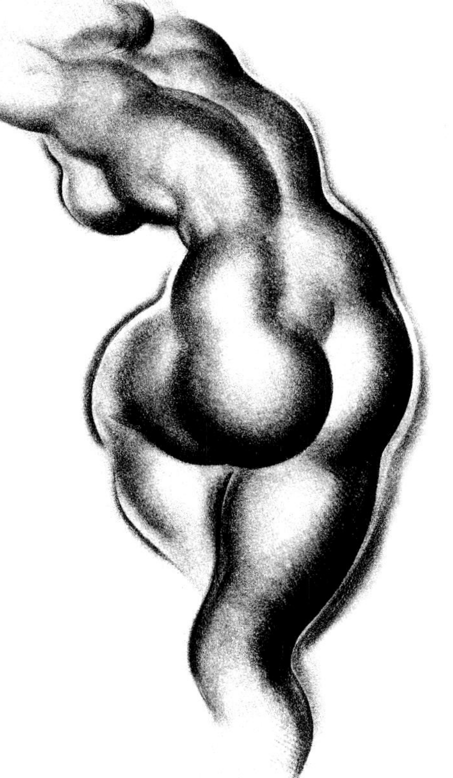

强调概括性，它更具有强烈的主观意识和表现形式。大家最直观的感受恐怕是模特的比例被拉长（达到8头身比例甚至10头身比例），无论这种比例是来自时尚权威所制定的规范，还是来自人们根据现实经验达成的共识，这种人体比例的理想化存在，使得我们在学习的过程中，把教学的重点放在了对人体比例的分配和外部轮廓线的表现上。

对时装设计师来说最根本的是要将人体动态画好，透过最优美的人体动态来烘托自己的时装设计。目前，受欢迎的女性时装人体为纤细苗条、腿长、柔软的人体，男性则是强健、健美的形象。

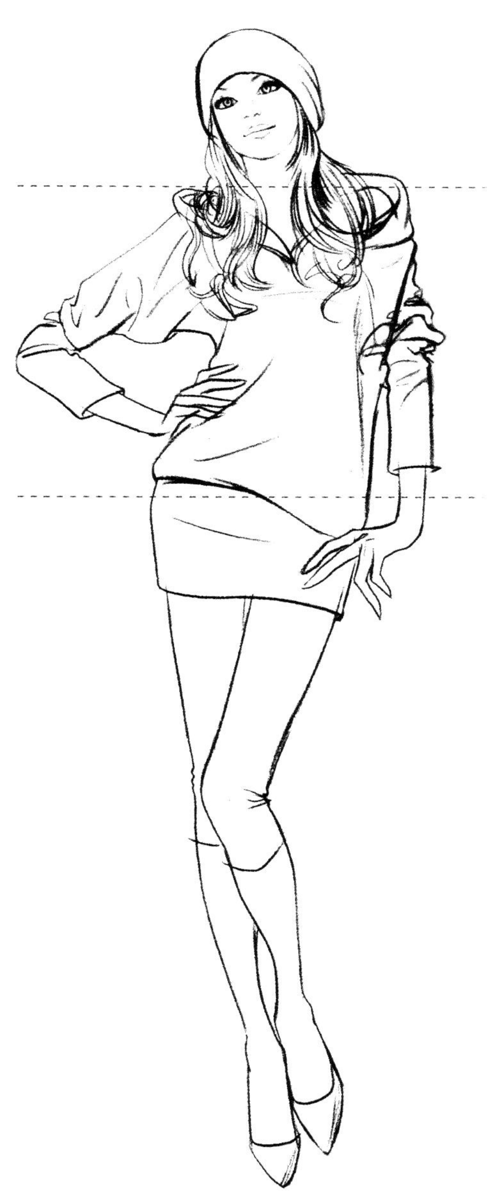

1．了解人体美

人体本身就像一件极具魅力的艺术品，在为其进行服装设计之前，让我们首先来观察人的形体，只有准确地把握人体的形态、构造，好的设计才能应运而生。

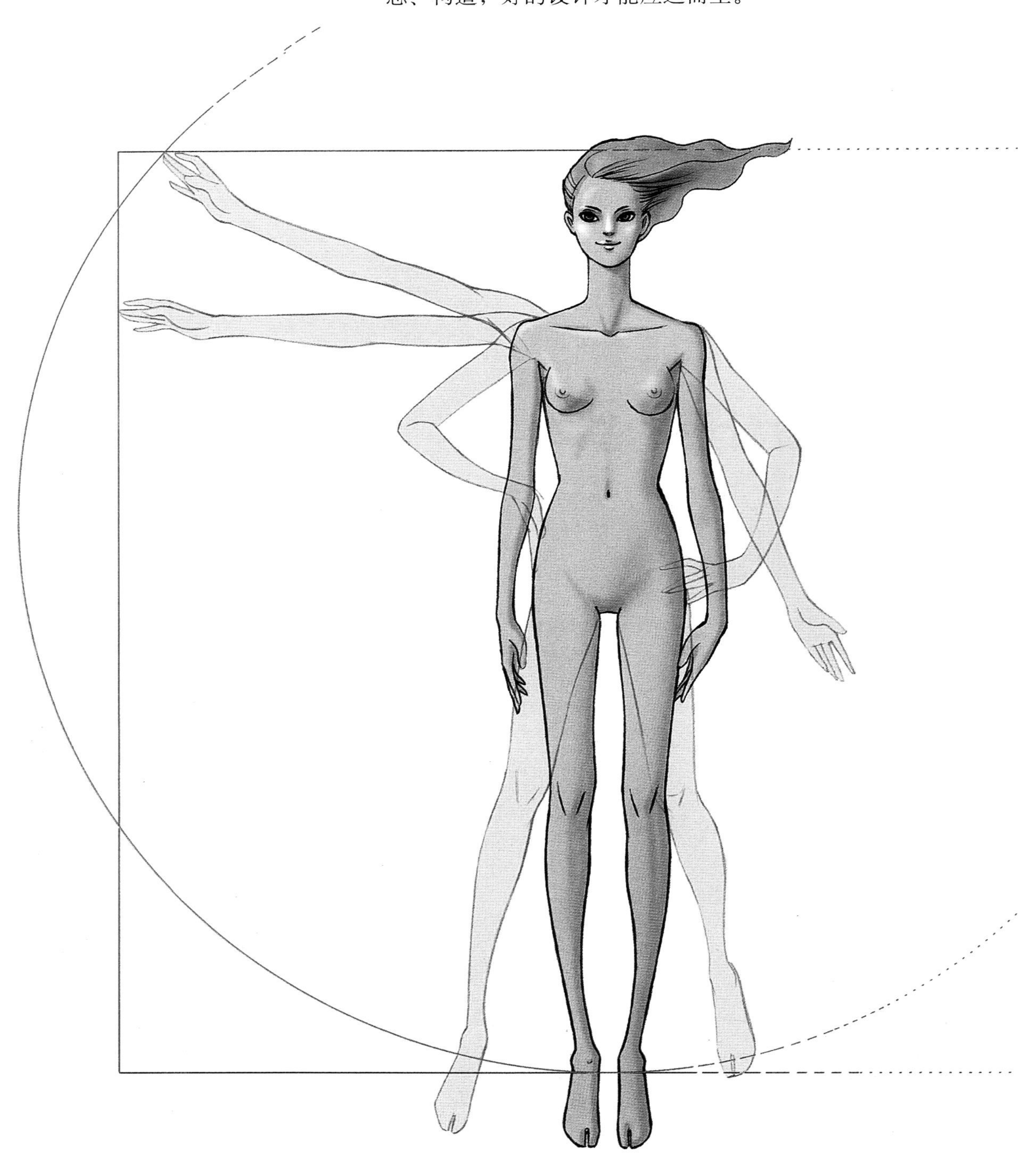

2．了解人体的骨骼与关节

骨骼是人体的基础，在设计图中可以用曲线来表示，弯曲部位的骨骼通过关节和肌肉的连接，获得自由活动的状态。男女在成长过程中的骨骼发育情况不尽相同，但关节的位置和数量是相同的。下图中黄色圆点所指示的部位就是可以使人体活动的12个主要关节。脸、手、脚等部位及更细小的关节在这里就不表示了，但其凹凸、弯曲的程度与大关节截然不同，这一点必须记住。

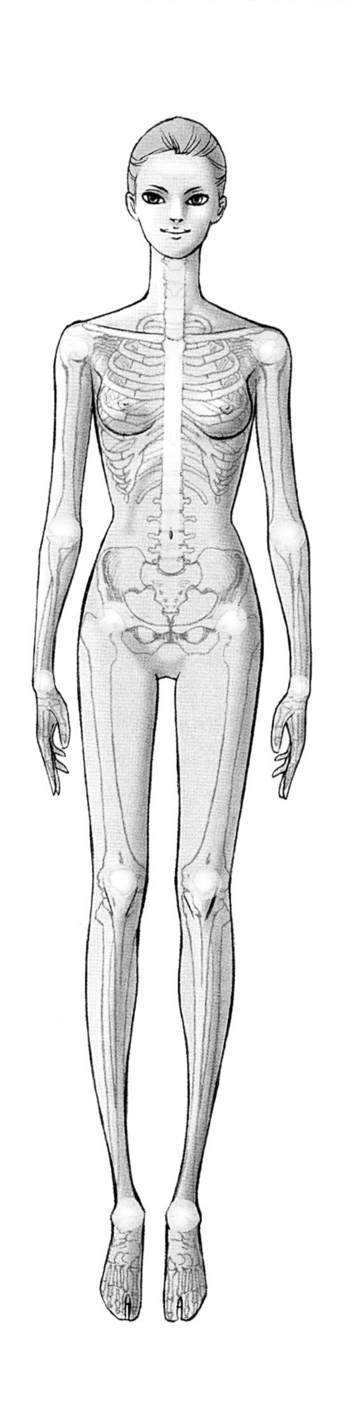

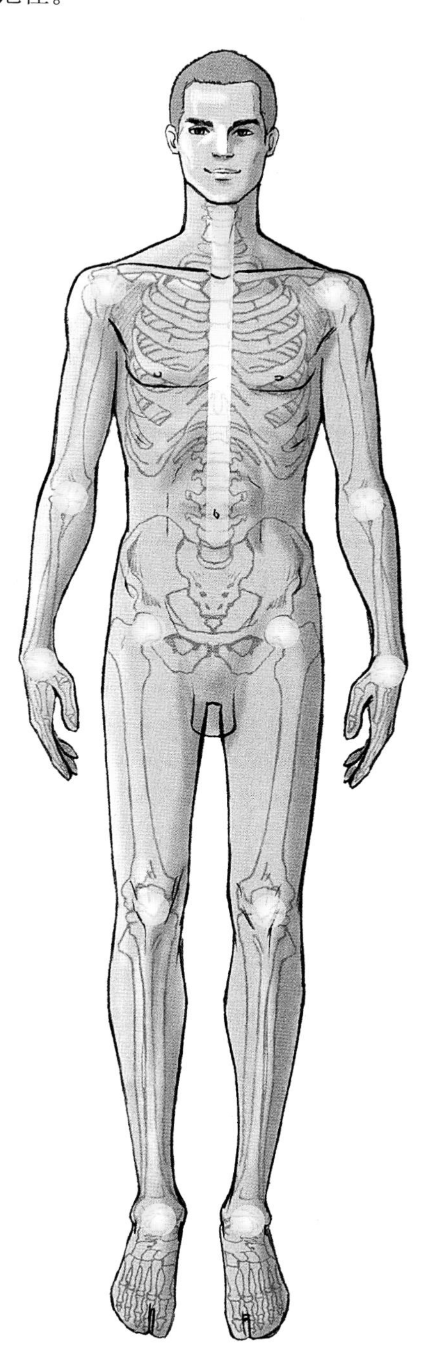

3. 8头身的画法

现实中很难在模特身上清晰地找到如下图所示的人体比例。但是，为了在平面中更好地捕捉模特身体的空间立体感，就必须追求视觉上的匀称与和谐。具体来说，将人体均等分割为八个部分，按照这一理想比例进行绘画，即8头身画法。

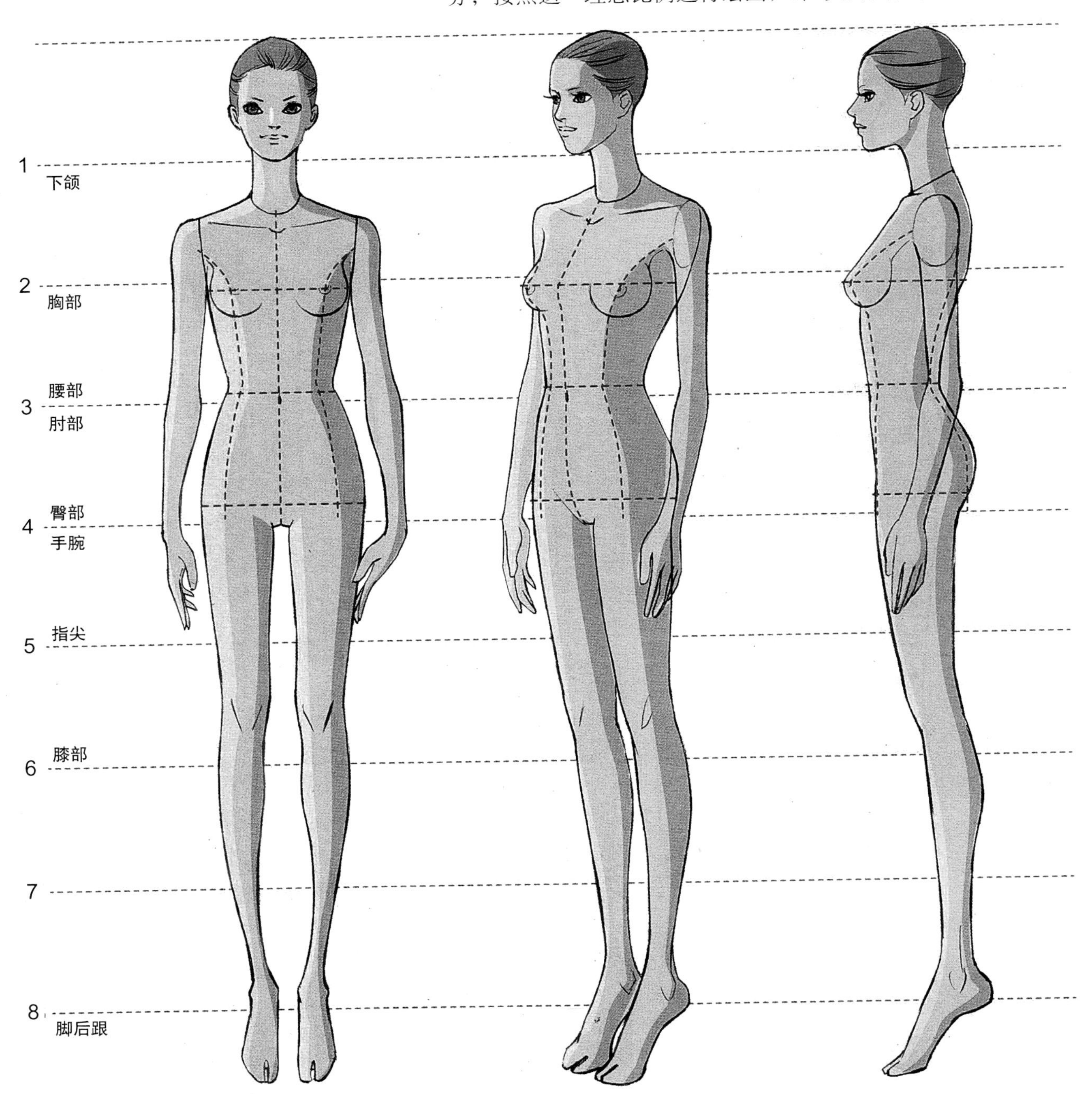

根据现实服装的各种设计样式，也会出现7.5头身或者8.5头身比例的画法，甚至有时还会出现夸张的10头身比例的画法。但无论怎样表现，首先是必须牢记8头身的人体比例。

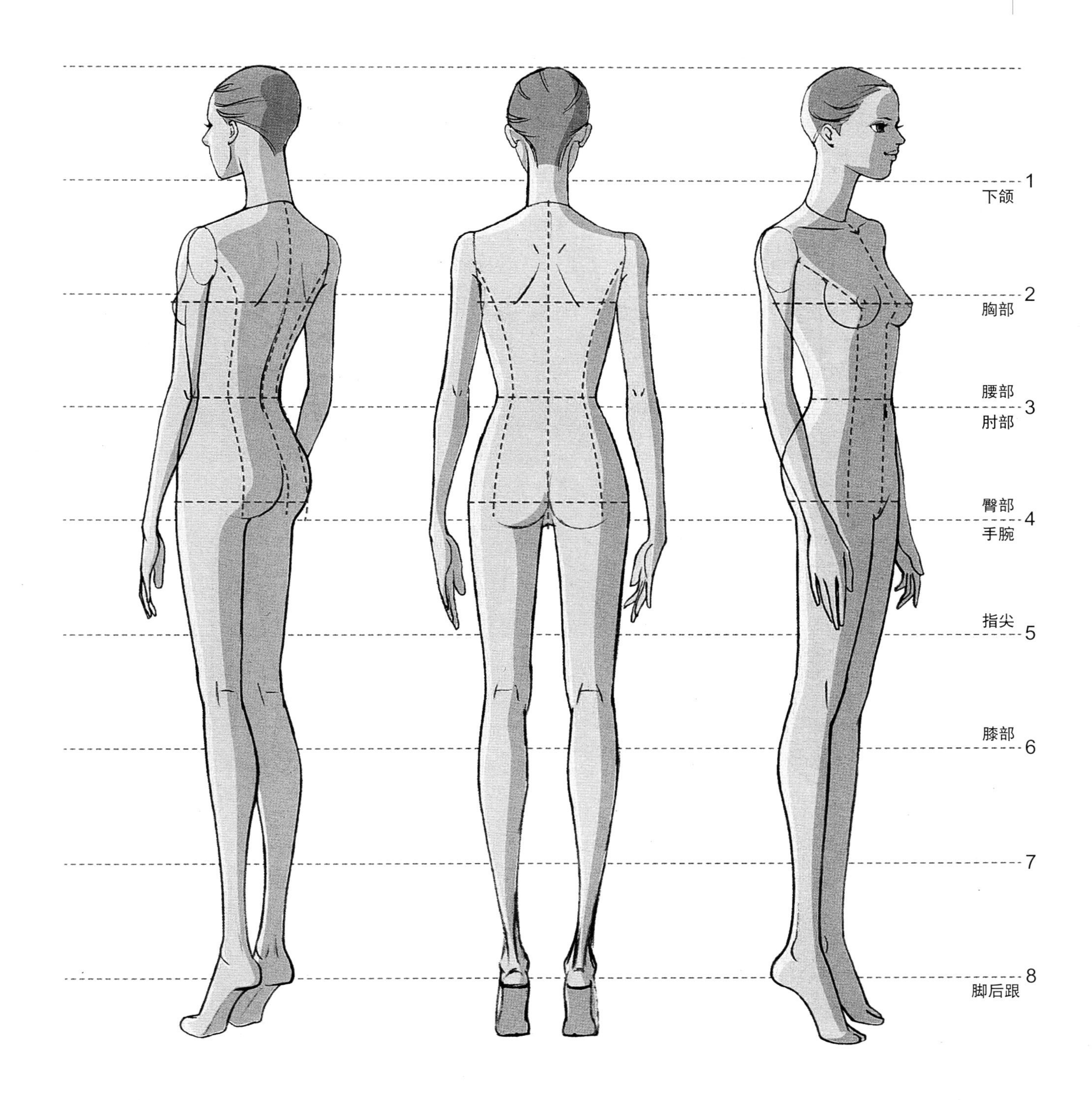

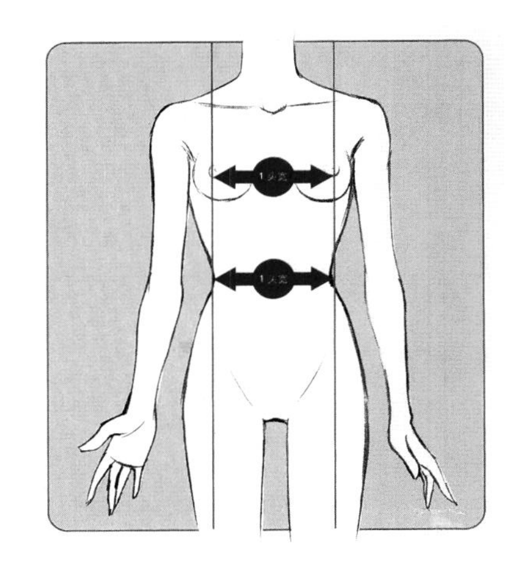

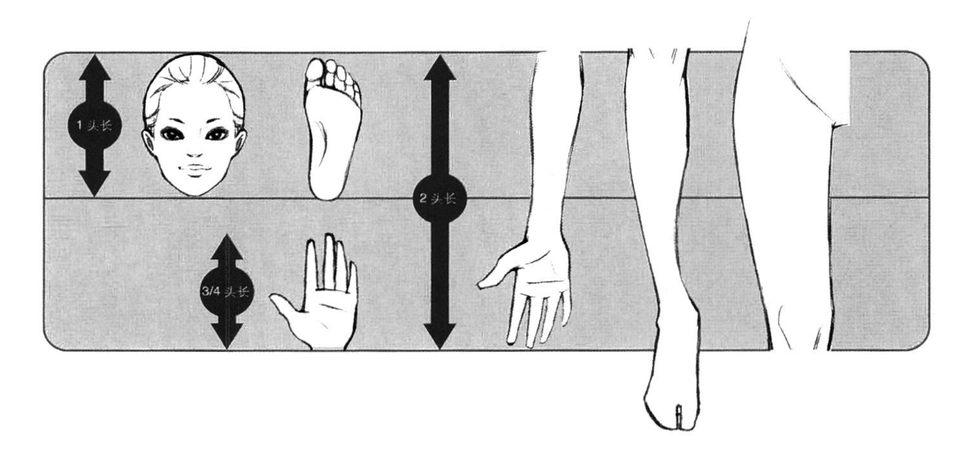

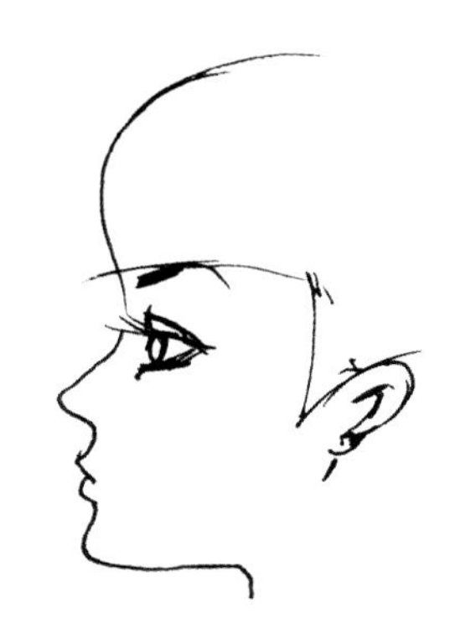

4. 简单的测量法

手脚的大小、长度以及身体各部位之间同样存在一定的比例。熟悉这些比例，在绘制时装设计图时就可以驾轻就熟了。

另外，充分掌握了这些比例之后，在描绘如图所示的人体姿势时，确定各个部位之间的平衡就相对简单了许多。

5. 人体各部位的画法

(1) 头部的画法。脸部是表现某一特定年龄的人的特定气质和表情的重要部位，也是时装设计图中较难表现的部位。

(2) 眼睛的画法。在时装设计图中，模特的眼睛往往起着十分重要的作用。眼睛的形状稍有不同，模特给观者的印象就会有很大的差异，时装模特的表情体现着时装的韵味和效果，因此，眼睛的画法是需要花大量时间反复练习的。

绘画程序：①勾勒出连接内眼角和外眼角的线条，通过曲线连接上眼睑和下眼睑；②根据眼睑的厚薄，确定瞳孔被眼睑遮挡的程度；③在眼睑内侧的深处和下眼睑的外侧加睫毛。

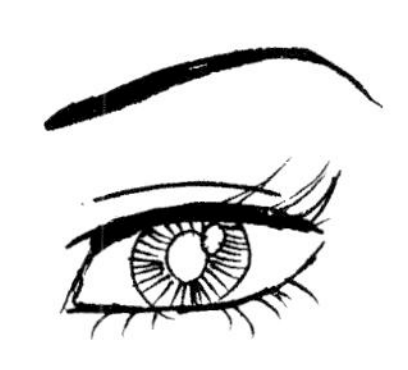

(3) 耳、鼻的画法。耳、鼻在人的表情变化中最为含蓄。

在时装设计图中，鼻子是经常被省略的一个部位，往往不画，或者将其最小限度地表现出来。表现鼻梁部位的线条应当只出现在一侧。另外，应注意鼻子底部的鼻孔是不能画成圆形的。

耳朵的正确位置在眼睫线与鼻底线之间的高度上。一般情况下女性耳部露出的机会不多，常常被秀发遮掩，但也不能因此而敷衍了事，稍不留意，也会破坏整个脸部的和谐。

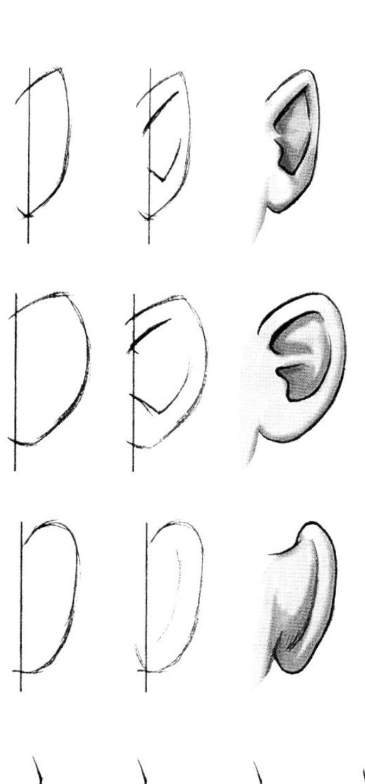

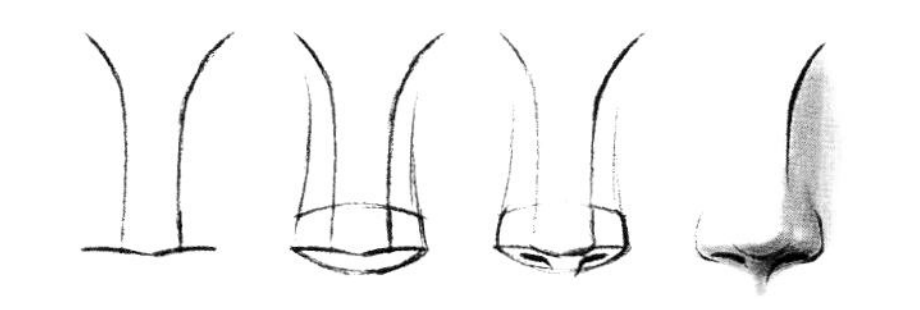
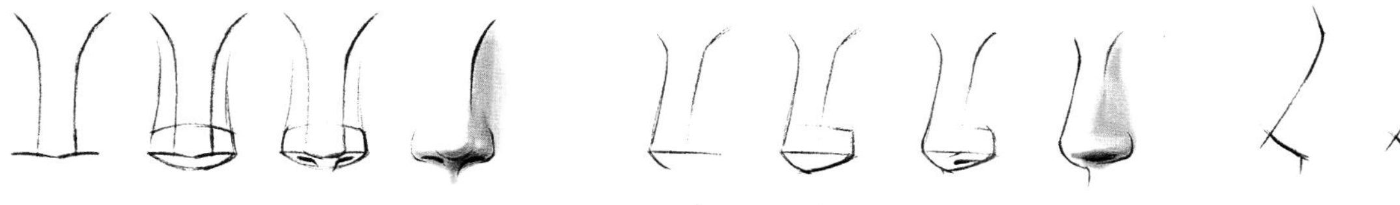
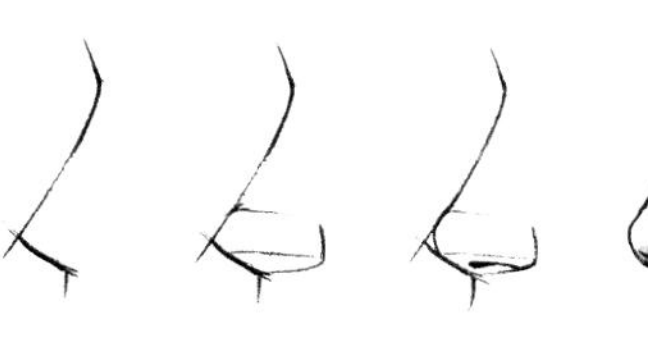

（4） 嘴唇的画法：感性而富有变化的嘴唇是表达感情的一个重要部位，在时装画中，一般多采用微笑端庄的表情，因此双唇应略带笑意，以给人留下愉快的印象。

(5) 头发的画法：发型和脸型的合理搭配是决定整体风格、样式、形象的重要环节，两者之间的平衡是需要特别注意的。

无论头发是直、是弯、是长、是短，其根本是植于头皮上的，所以画头发时，可以先画一个光头，再画出头发的轮廓，此时应掌握好头盖骨和最上层头发之间的距离，以适当蓬松为宜。发际和脸部轮廓不要以线条来区分，而要以发群来表现，在分发群时，不要一根一根地画，而是要大致根据发丝的走势和明暗疏密，用尽量少的、简略化的线条来表现。发根到发髻尾部之间的头发波纹，可以一口气通过曲线勾画成型，在视觉上尽量给人自然、流畅的感觉。

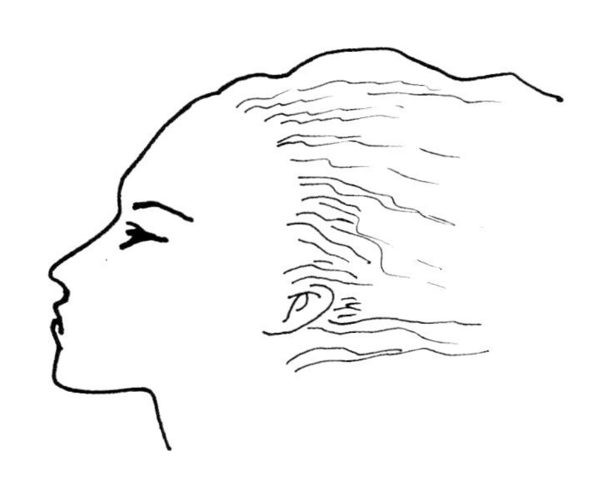

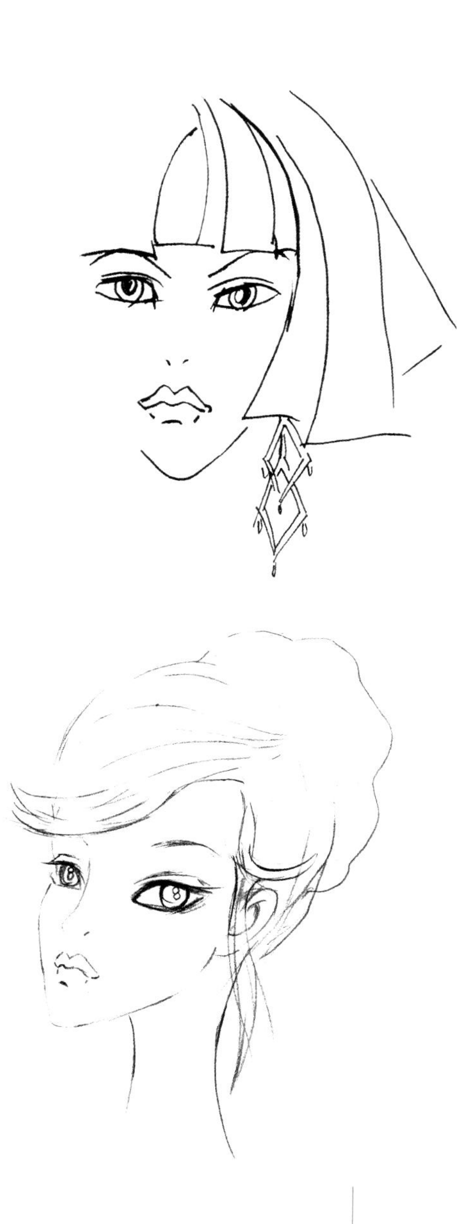

(6) 帽子的画法。帽子的种类和用途很多，与发型和脸型一样，帽子等头饰的绘画表现，对时装设计的表现效果起着非常重要的作用。在绘制帽子的时候，可把帽子分为两个部分，包裹住头部的帽顶和四周的帽檐。一般先画帽顶，再画帽檐，最后，在捕捉帽檐的明暗的同时，将帽檐和帽顶连接成一个整体。

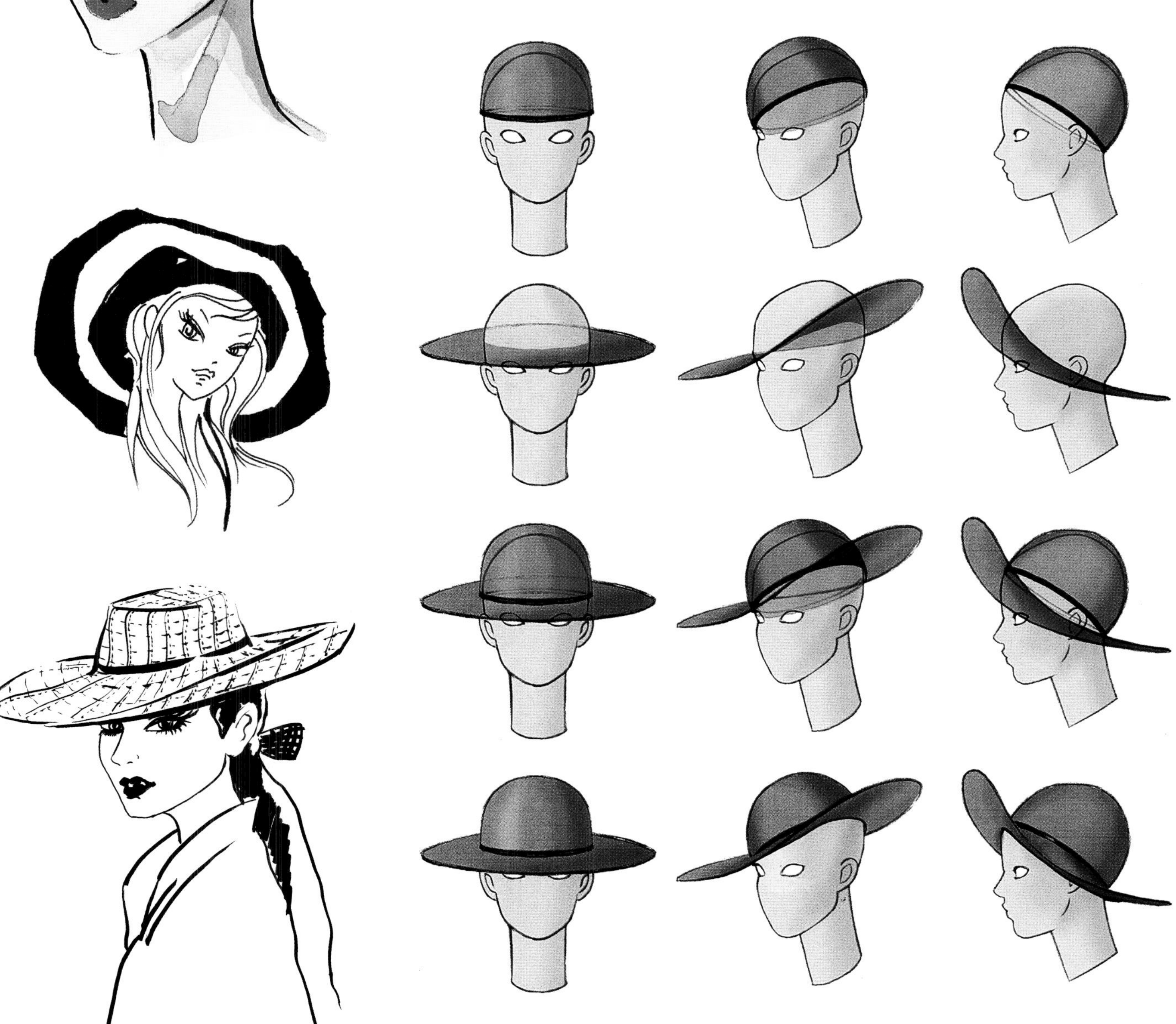

(7) 手和手臂的画法。

手臂：手臂是绘制服装袖子的基础，是凸显模特姿势、造型的重要部位。手臂位于身体的侧面，与时装的边线和立体轮廓的关系十分紧密。表现手臂的目的在于展现服装的袖子，同时也反映时装的局部美。

手臂的起点位于肩头，即肩膀的最高点（Shoulder Point SP）。下垂时手臂的肘部与腰部处于同一水平位置，手腕位于胯部以下，指尖位于臀部和膝盖中间。上臂除了肩头三角肌之外都是笔直的，前臂从肘部到手腕呈弯曲状，内侧呈S形，向大拇指方向弯曲。

手臂和手一定是一个整体，不能让人感觉是分割开的，应练习从肩到肘，再到指尖曲线的一气呵成。

当手插在腰间时，身体的曲线和手指根部应适当相交重合，这样的表现效果看起来比较自然。

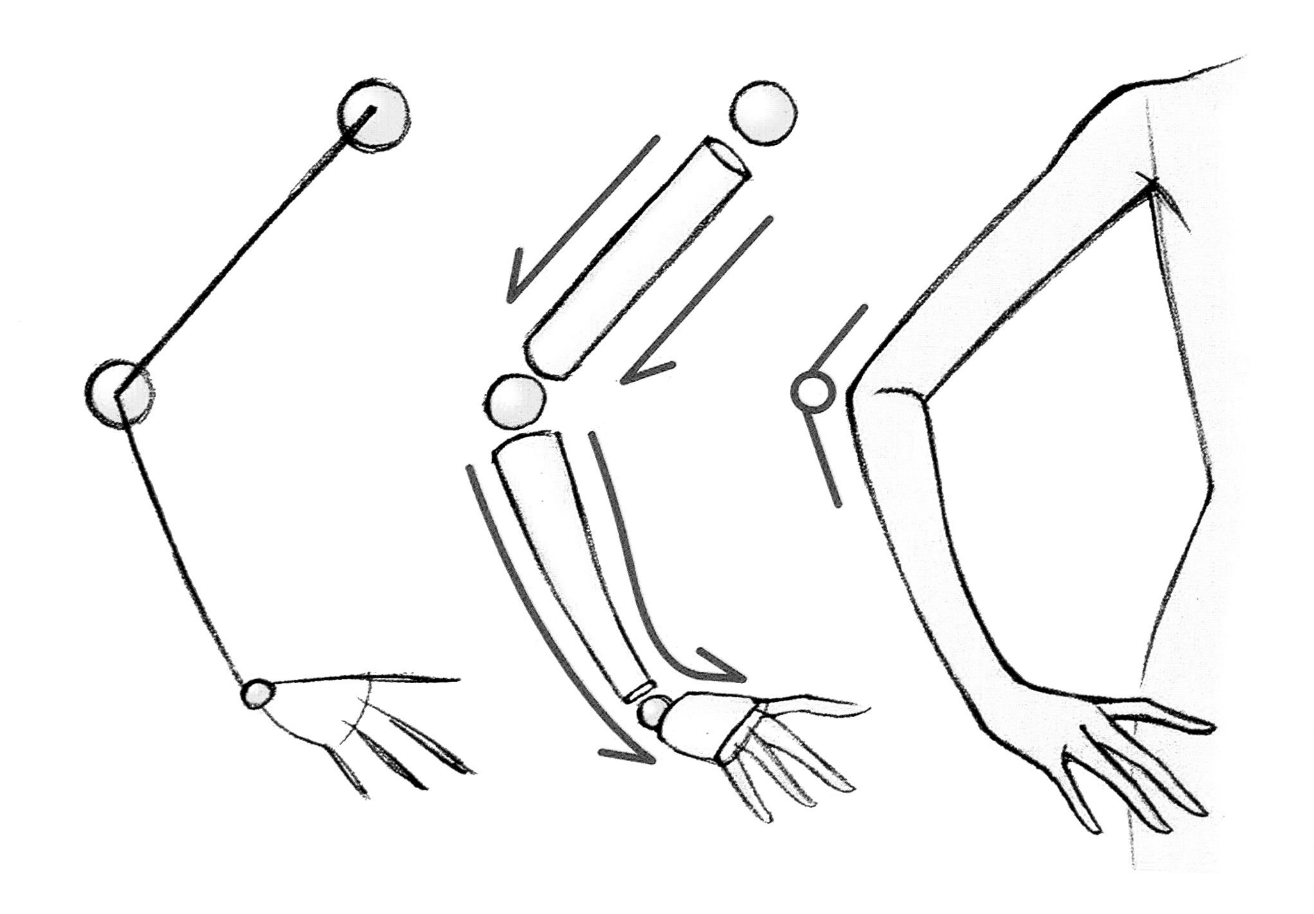

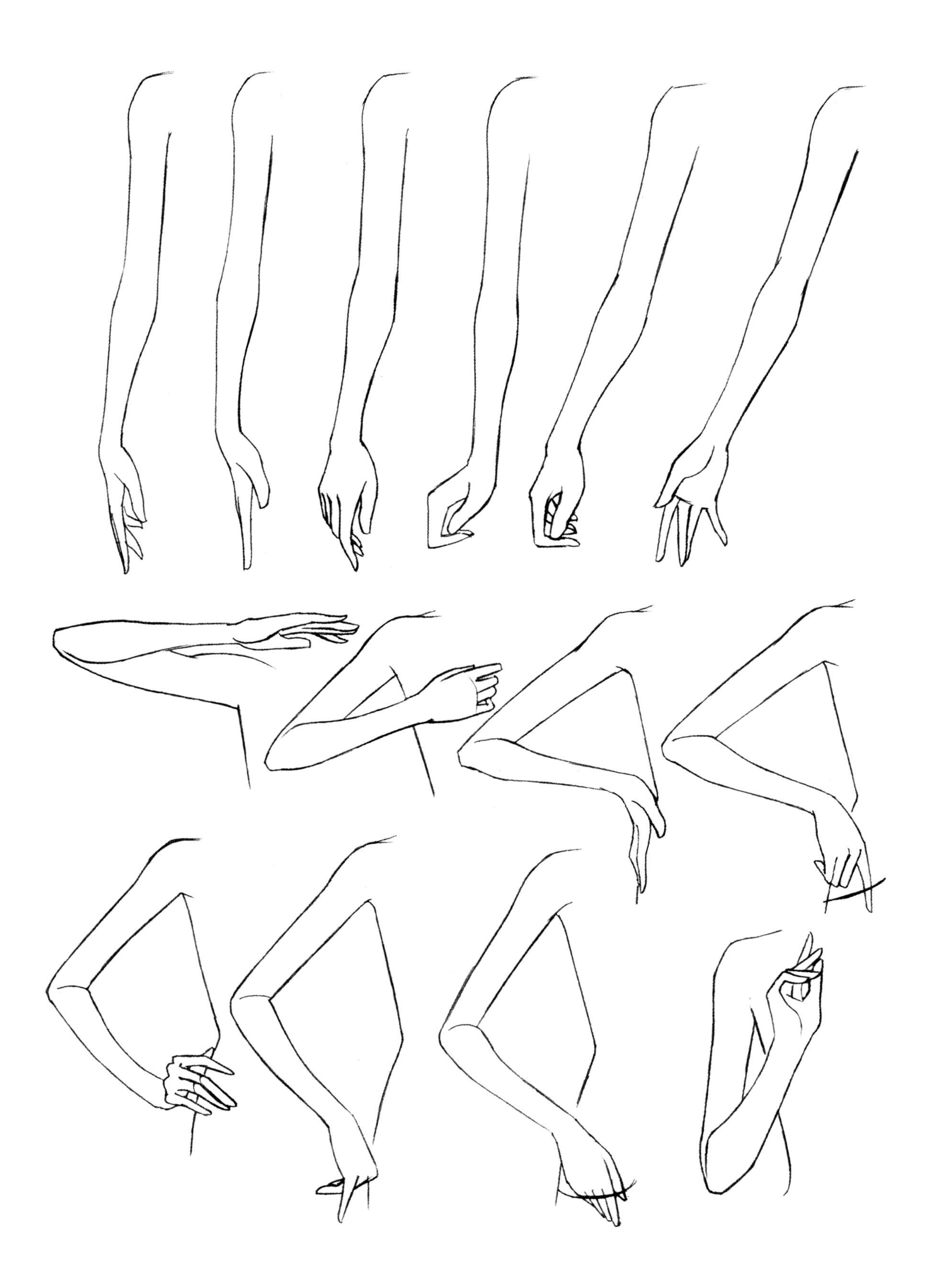

手：生动的手部描绘可以传递丰富的绘画语言，手部多个关节和小块肌肉的穿插表现对于绘画者有相当的挑战性，但只要坚持不懈地进行训练，很快就会发现画手带来的乐趣。

手的长度是脸长度的3/4，手掌的长度与中指（最长的手指）的长度相同，将指根和指尖连起来，可以看到一个扇形。手指的弯曲情况在关节图中清晰可见。

在画手时，我们可以将手的结构进行几何化处理，将其简化为几个块面，手掌是一个不规则的梯形块面，可以将手指处理成一节一节长短不等的圆柱体。

手有很多种表情，注意观察不同角度的手指并拢和分开时的变化规律，可以将各种复杂的形状通过几种典型的样式进行归纳，并将它们默写下来。

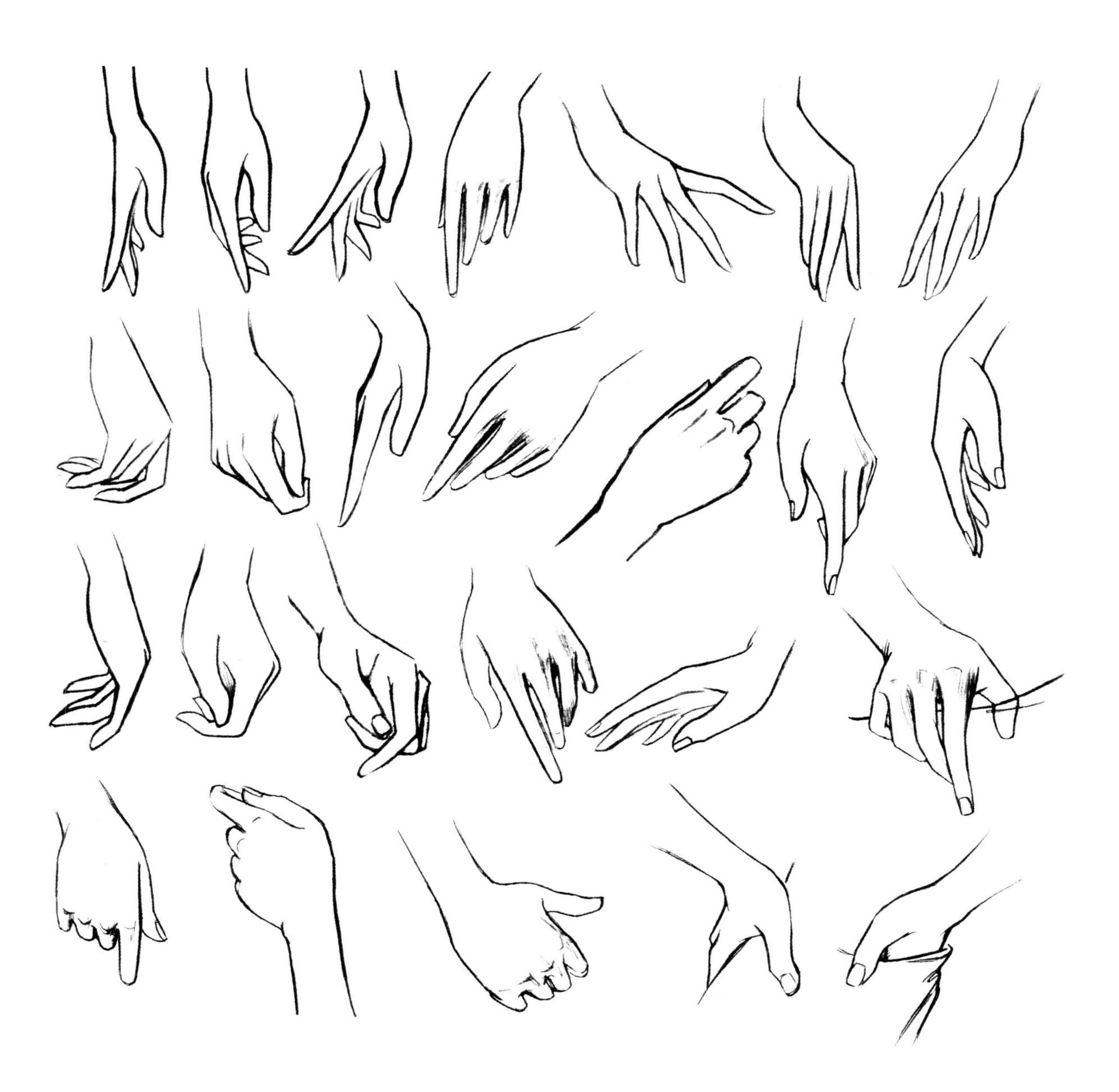

(8) 腿、脚和鞋子画法。

腿：腿是支撑全身重量的强劲有力的一个部位，表现腿的线条要有力量感。在正常情况下，腿一般是倾斜的。在绘制时，要注意观察内外侧曲线的差异。从腿部侧面观察时，小腿明显呈现S形，小腿肚子以下的部位像是被挖去了一部分。

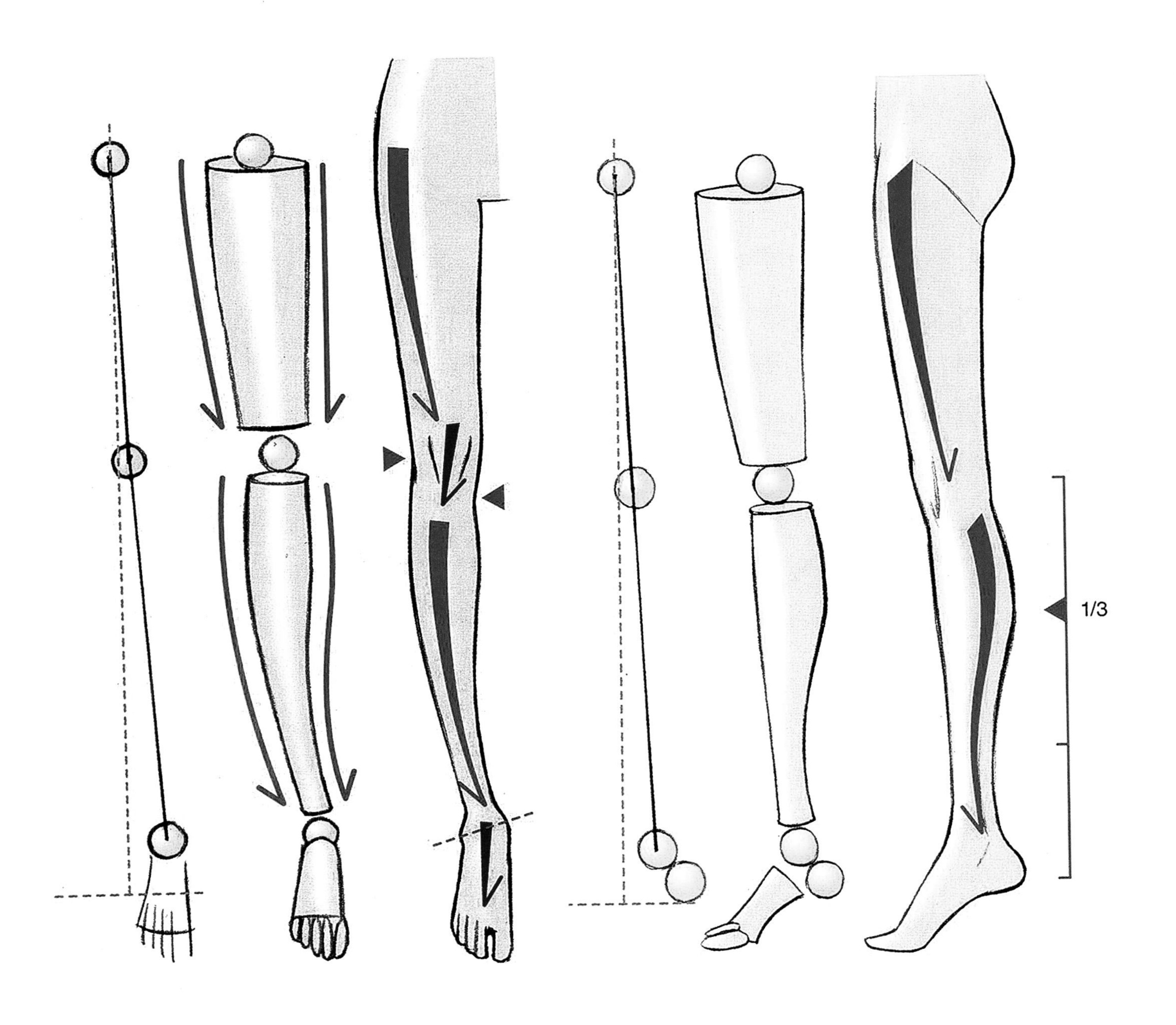

脚：脚可分为脚后跟、脚背、脚趾几部分。需要注意的是随着鞋跟高度的变化，脚的形状也会产生变化。

鞋：鞋是传达时尚信息的很重要的一个部分，它与服装相互辉映，共同营造出着装的整体感觉。将鞋底一分为二，确定鞋跟、鞋底的高度，绘制出一个“甲”字形状，再通过细微线条的勾画，最终明确鞋子的外轮廓线。平时可多练习鞋子实物速写。要留心观察高跟鞋与平跟鞋的不同穿着状态。

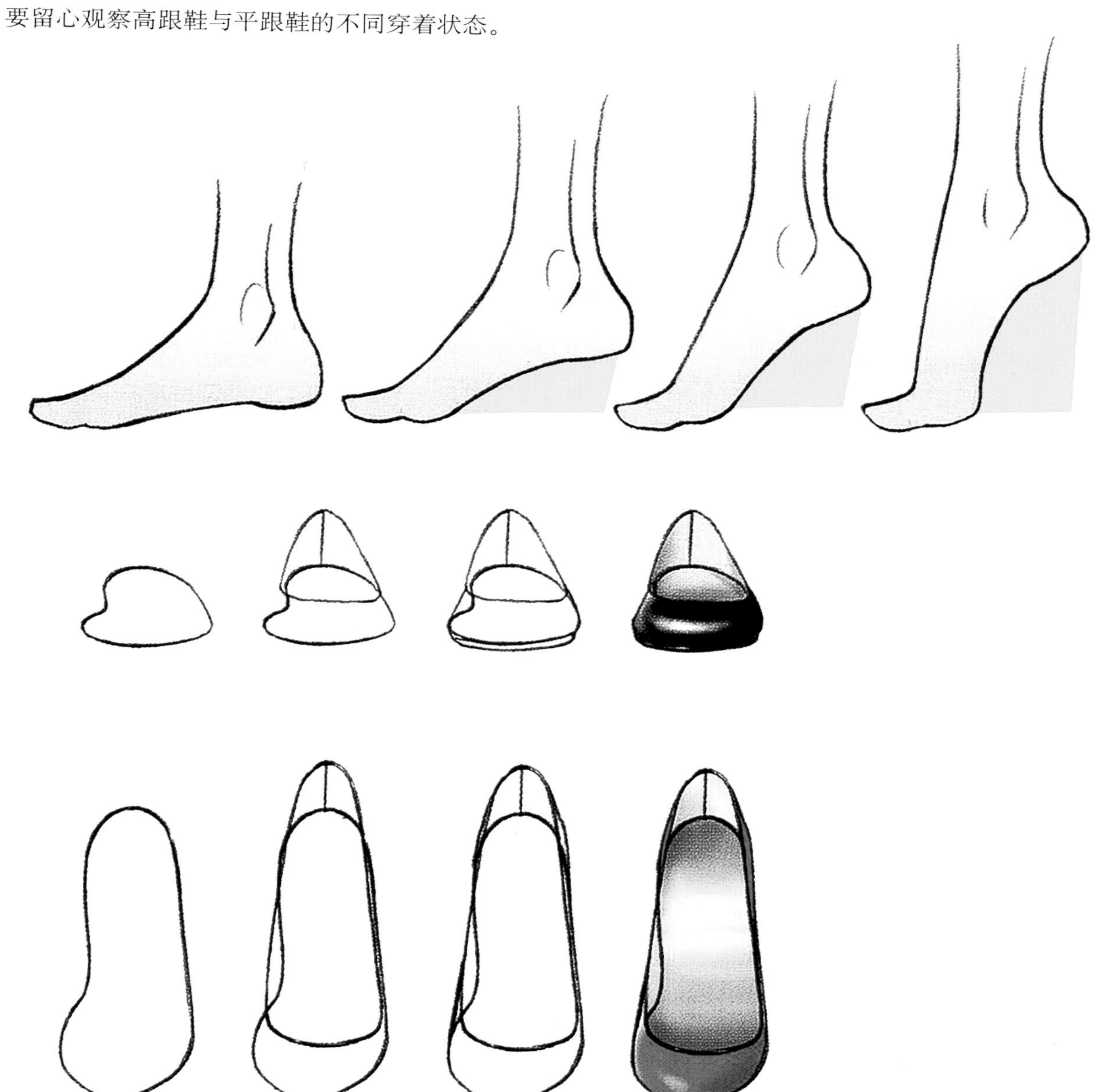

（四）衣着表现

1．衣褶的表现技法

衣褶随着人体的活动会展现出各种形状。人体在直立状态下，肩膀会随着脊椎的倾斜而倾斜，而当以单脚为重心而站立时，骨盆会有所倾斜，当然衣物也会有所变化。

2．衣物与身体的关系

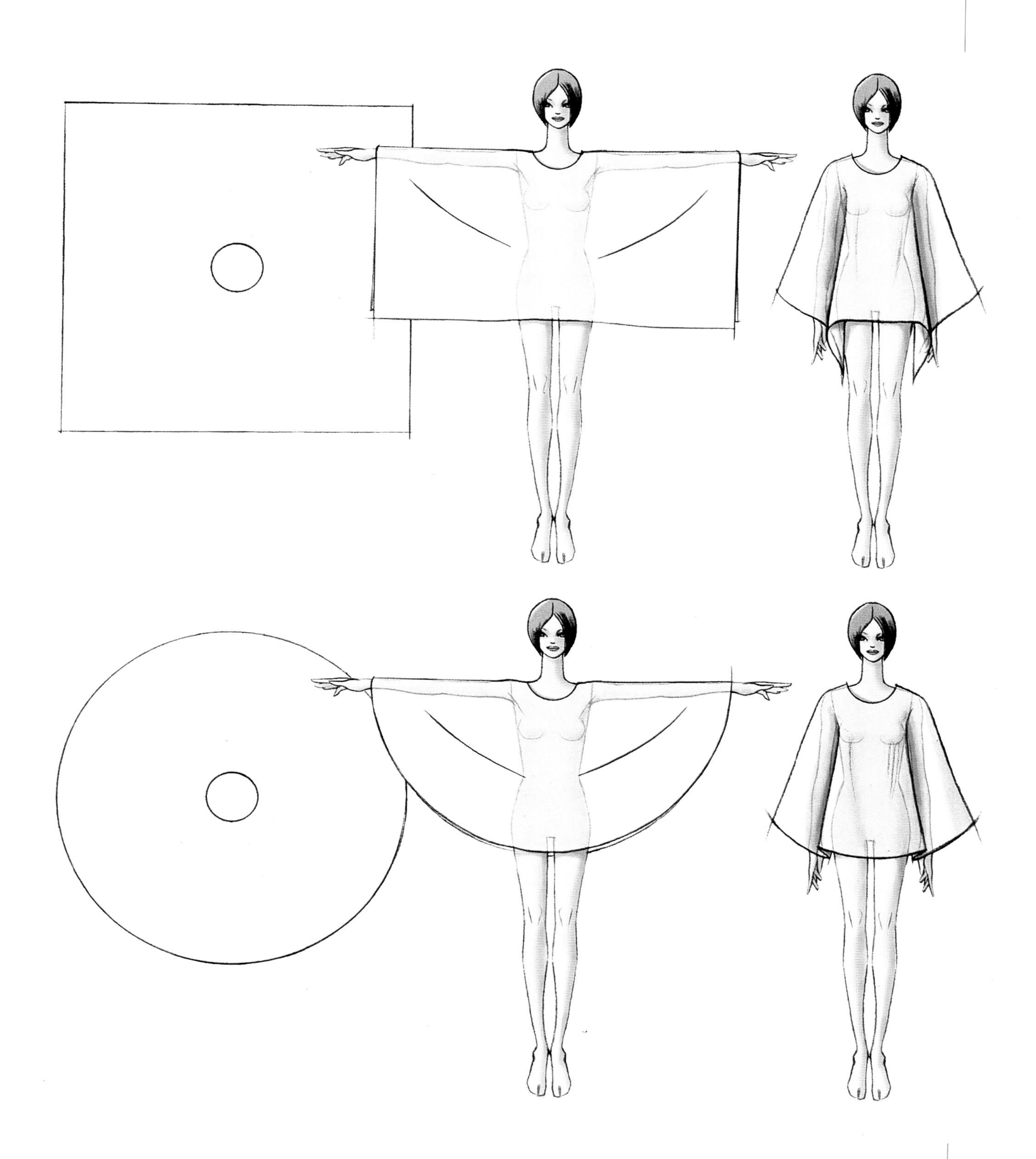

3．衣纹动态表现

充分考虑布料的方向性、身体的凹凸感，以及在重力作用影响下布纹的角度和松紧程度，用画笔来表达布料的“表情”。

4. 基本着色步骤

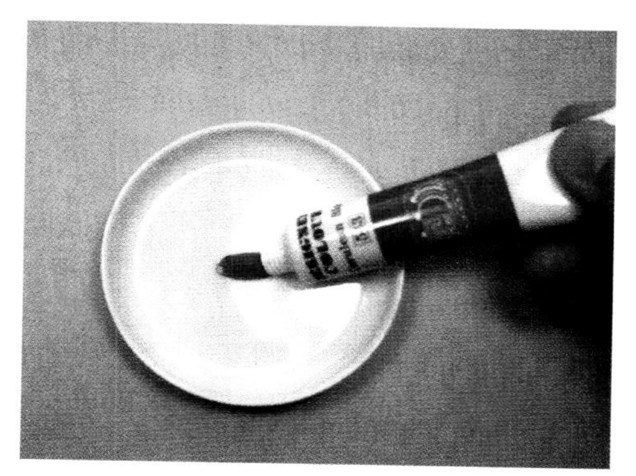

将颜料从管子中挤出，以小拇指大小为宜。

调制比较薄的颜色时，可通过大量的水将颜料冲淡，再重叠涂上去，以表现出浓淡的效果。

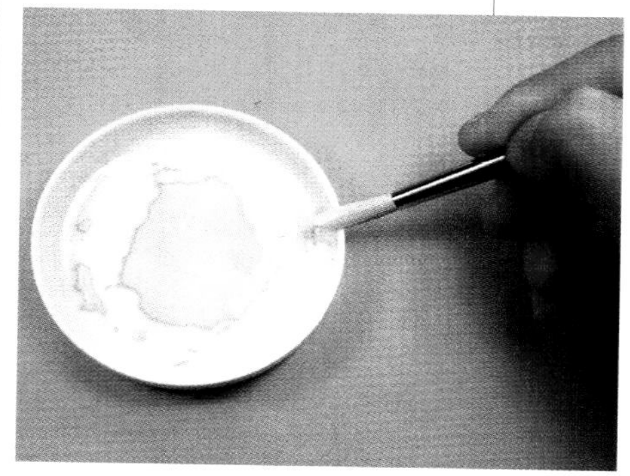

涂的时候要在调色盘的边缘将水分挤掉。

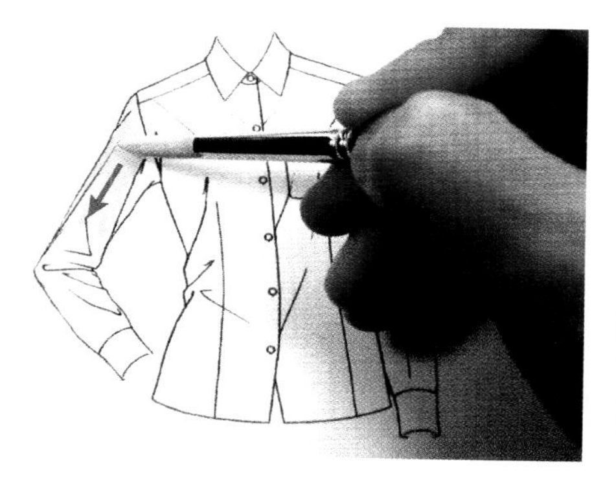

沿着纹理涂色。为了让水分能够浸透到纸里，要轻轻地慢慢地涂上去，切记不要反复描，描的笔数越多，不均匀的地方会越多。

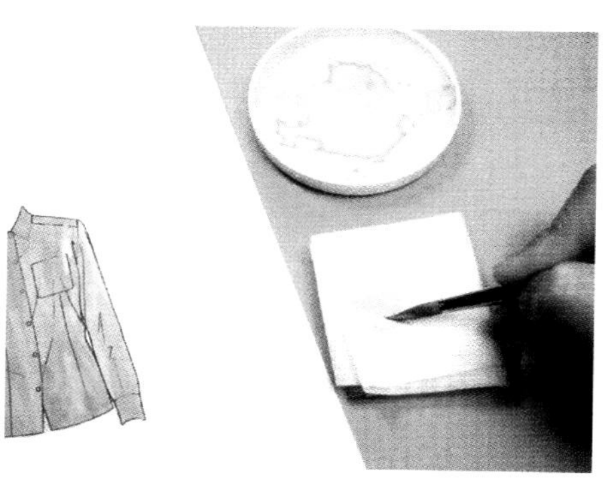

为了使纸面没有水渍，要注意调节水分的量，最简单的办法就是用纸巾吸掉水分。

待颜料干燥之后进行第二次涂色。

参照光源的方向，在相反的地方给每一个部位加上阴影。

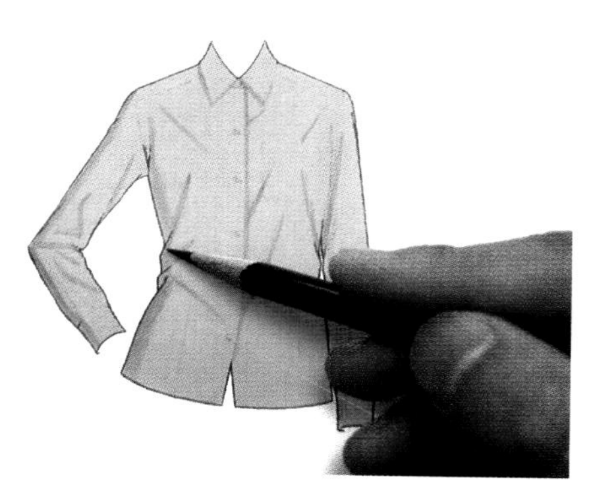

用略深的彩色铅笔给阴影涂上颜色。要用笔芯的侧面轻轻加上。

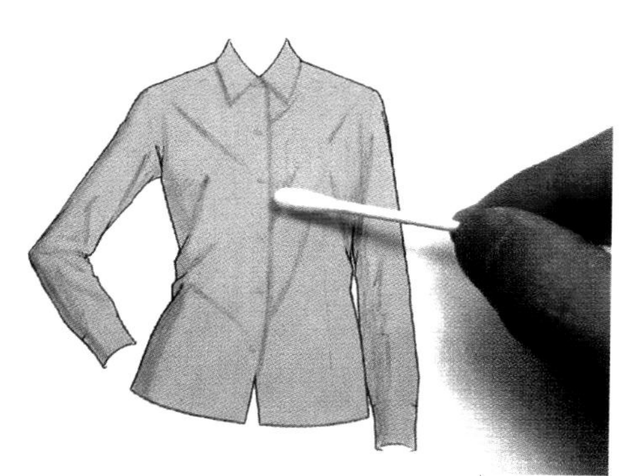

用棉签将彩色铅笔的色彩柔和化，以与画面协调。

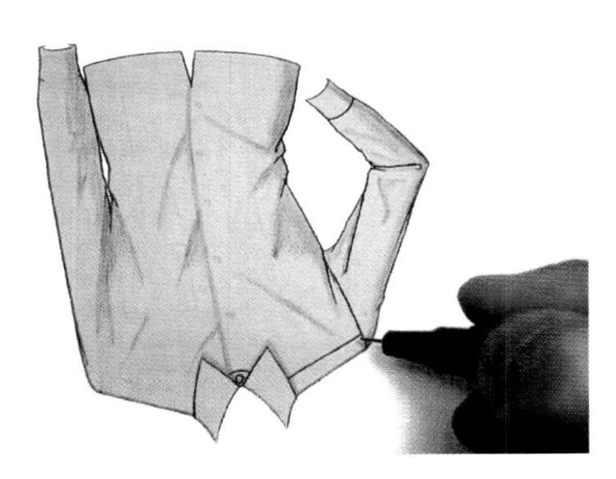

将已经看不见的线描出来。在颜料上描线，线条会变得更粗，所以要注意。

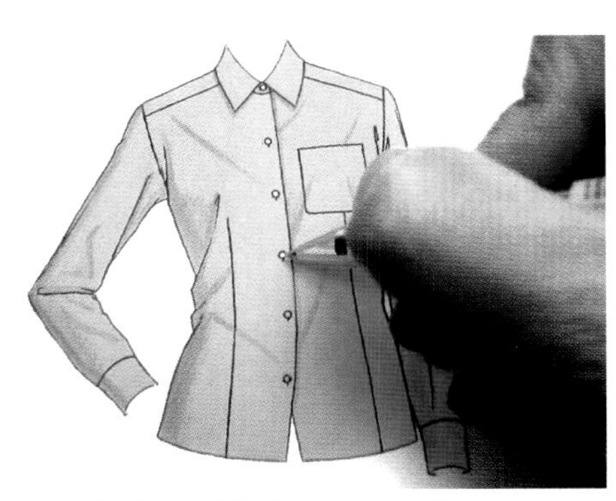

用白色的银粉笔给扣子也加上颜色。

为了强调立体感，要给轮廓线加上强弱效果，在影子部分和结构线的地方描线要较强一些，线条可加粗。

使用彩色铅笔的时候，比较容易发生滑脱，所以要用定型水将其固定。

完成

作业

选择用五种不同的材料表现法来表现同一个形象（具体形象自选），通过不同的表现风格和技法描绘这一形象。作业规格：A3纸。

思考题

深入思考不同绘画技法对时装画所起的作用，学会运用多种表现方法进行创作。

第三章 Chapter 3

课题详解

SUBJECTS EXPATIATION

第三章 课题详解

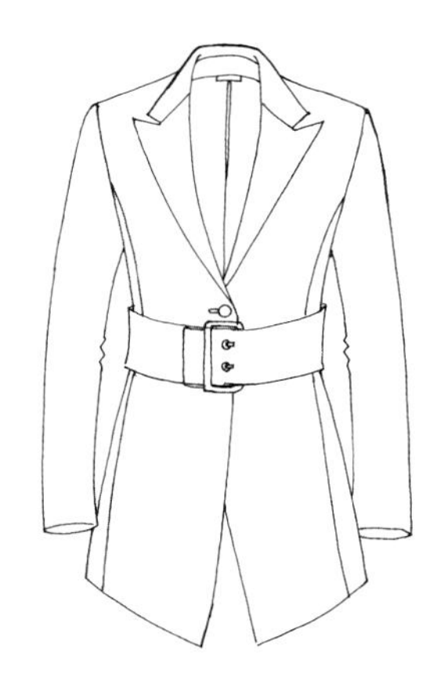

课题1：以设计图为蓝本的画法

1.起稿：

1–1 仔细分析平面图的款式，根据服装款式选择适合模特的优美造型。

1–2 在复印纸上打底稿，画出模特的姿势和轮廓。起稿时要预先考虑身体的重心、动态线和8头身的比例。

2.素描图

2–1 通过清晰、明确的线条勾画出着装时的轮廓和自然的衣褶。

3.着色表现

3–1 给模特的肌肤上色，可用小号的尖头水粉笔或水彩笔，笔头要蘸满调和好的皮肤颜色。上色时速度要快，速度慢的话会有水彩叠加后的痕迹。注意色彩一定要上均匀。

3–2 在处理脸部皮肤的时候可作艺术加工，适当留白。

3–3 接着上头发颜色和丝袜的第一遍颜色。上头发颜色时和脸部一样可适当留白。

3–4 完成第一遍整体着色。

3–5 对脸部和头发进行细部刻画，画出脸部阴影、眼影细节等。在刻画头发时先用清水在头发处涂抹，再用深色水彩进行调整。

3–6 根据光源用深色水彩重复叠色，注意立体感

3–7 用麦克笔的扁头画出面料的条纹，注意留白。

3–8 用麦克笔的尖头画出面料的格子纹饰，组织疏密和衣纹的转折。

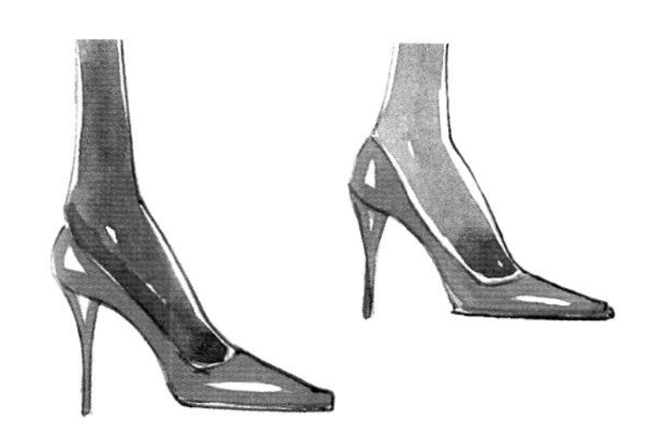

3–9 调整鞋子、腰带等细部。

3–10 用麦克笔勾线，在一侧加粗，涂擦阴影。

课题2：以时装照片为蓝本的画法

绘画语言和摄影语言之间是有很大差异的。从本质上讲，时装画是一项创造性活动，它的目的不是简单地在纸上再现对象，而是根据自己的创造需要将各种分散的元素进行重新组合。另一方面，从具体的实施手法来说，照片是对实物影像的捕捉，是一种发生在“瞬间”的艺术创造活动，而绘画则是由作画者以点线面作为基本元素，按照一定的形式美法则来进行组织、构建图像的创造活动，它需要一个时间的过程。

在以时装照片为参考进行时装画创作时，可以根据所要表现对象的衣服面料、穿着形态、姿势等来选择合适的作画工具。

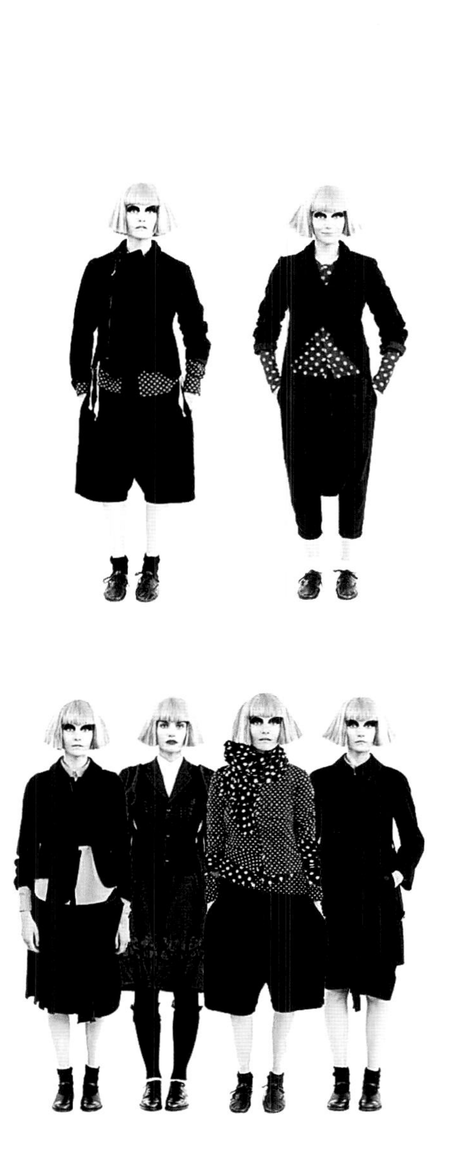

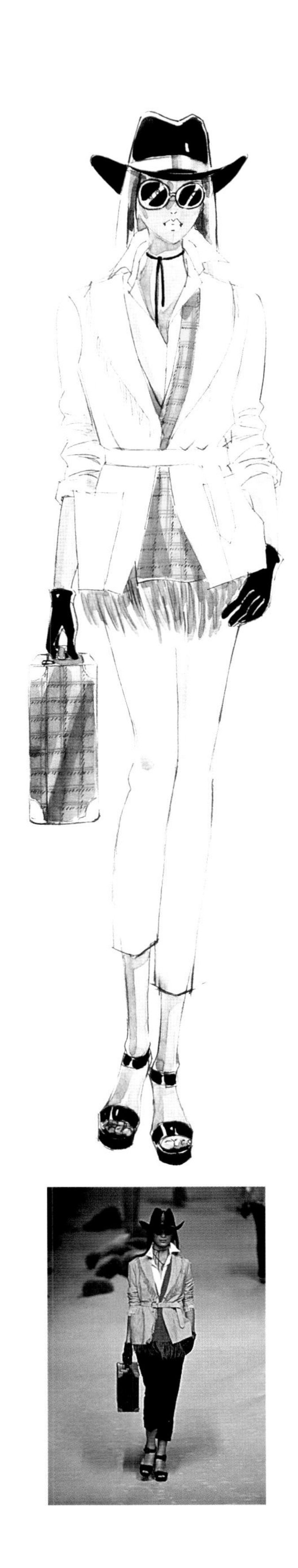

1.起稿
在复印纸上打底稿，画出着装时的轮廓和自然的衣褶，这时可不要过多考虑8头身的比例.

2.素描图
仔细观察照片模特的站立姿势，并将其作艺术化加工，将起稿时的草图比例按照8头身的画法用铅笔进行重新勾画，整理出线描图。
仔细观察照片模特的站立姿势，调整模特的姿势时可以不必忠实于照片，应当适当地进行艺术夸张，以保持画面的整体平衡，表现模特身材和服装的修长和舒展感。按照8头身的比例用铅笔重新勾画，整理出线描图。

3.着色表现
淡淡地给模特的肌肤上色，可用小号的尖头水粉笔或水彩笔，笔头要蘸满调和好的皮肤颜色，上色时速度要快，速度慢的话会有水彩叠加后的接痕。注意留出鼻子的高光和嘴唇、眼睛的位置。注意色彩一定要上均匀。

淡淡地给头发上色，这时需要确定光源的角度和方向，沿着头发的延伸方向涂色，使头部形状有立体感，有些地方可根据光源适当留出白色空间。

从局部开始画，给服装着色。调色过程不容马虎，应在调色板中将颜色充分混合。并在草稿纸上试一试，注意色彩干湿的变化。

服装着色的顺序是由上向下，由大到小。根据光源的方向和角度，留出空白。

对脸部进行细部刻画，画出脸部阴影、眼影等，并用炭笔勾线。

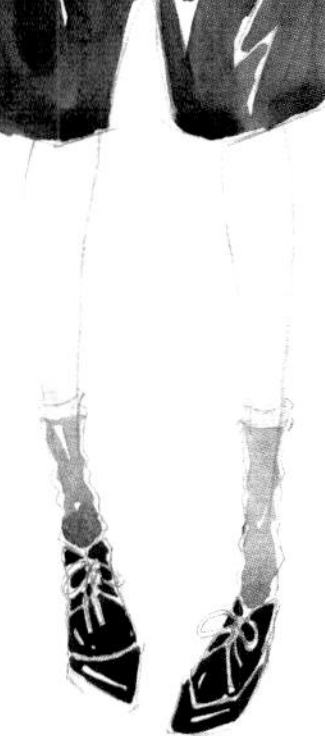

完成对服装的整体上色。

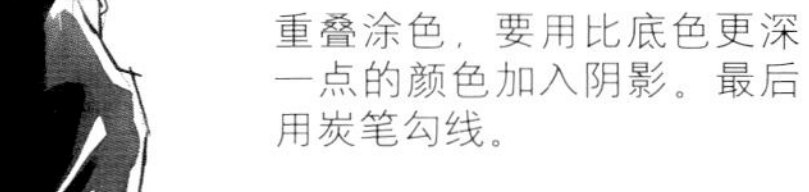

重叠涂色，要用比底色更深一点的颜色加入阴影。最后用炭笔勾线。

用荧光笔画出衣物上的图案，注意组织疏密。

完成稿

课题3：不同面料质地的表现方法

1．有光泽的锦缎质地

这种华丽的、带图案的织物一般是丝绸、人造丝、塔夫绸，绘制这种充满光泽感的服装质地的关键是确定固定的光源在面料上的高光的位置。高光点从模特的头部、肩部到整个身体贯穿成线。在高光和阴影之间要有较强的对比，并以此来表现其特质。

素描阶段要预先考虑高光点的位置。

给头发上色时要注意光感。

用水彩给皮肤上色 上色时要均匀，注意留白。

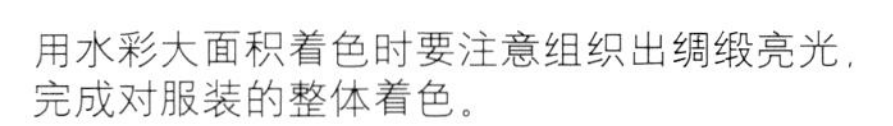

用水彩大面积着色时要注意组织出绸缎亮光，完成对服装的整体着色。

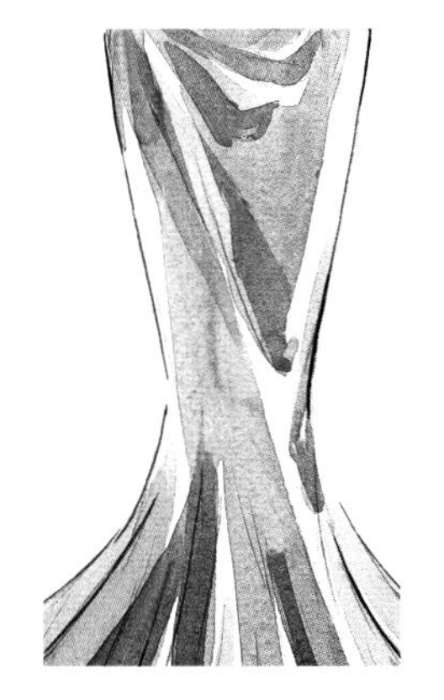

用略深的水彩表现衣褶和阴影。

用稍厚的水粉颜料画出花纹图案。

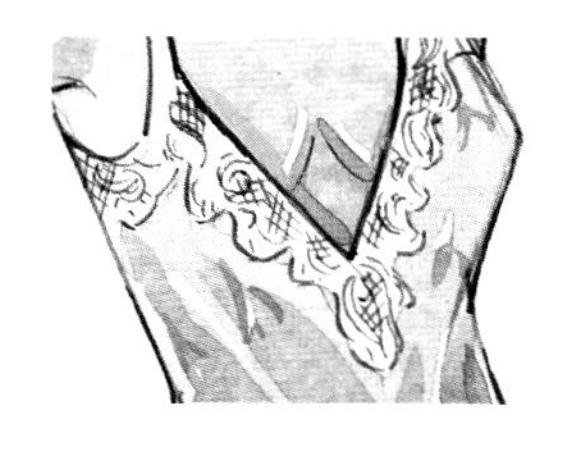

结合铅笔和细头麦克笔画出裙子的蕾丝。

修饰头发和发饰的色彩。

给发饰加上层次，用黑色炭铅画出羽毛的须，用水彩加深色的点，用白色水粉提亮色彩。

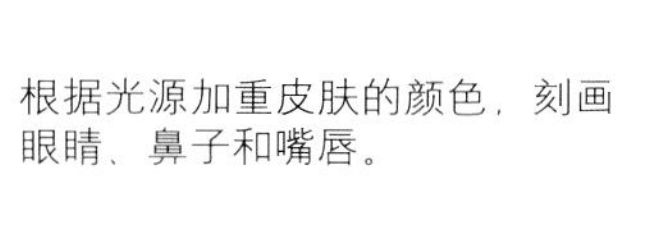

根据光源加重皮肤的颜色，刻画眼睛、鼻子和嘴唇。

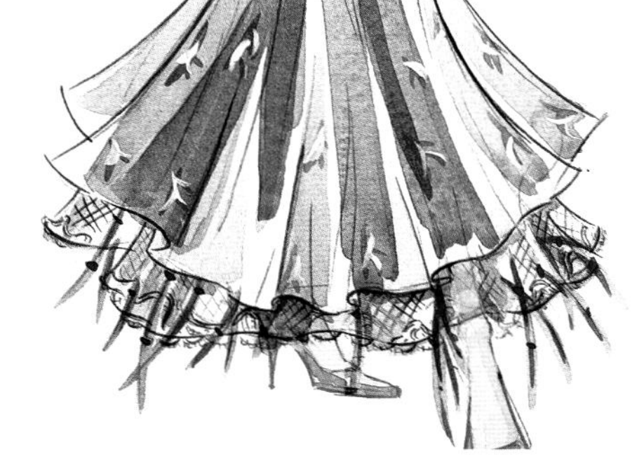

调整细部色彩的浓淡。

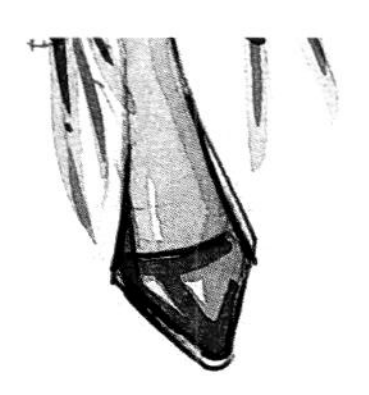

表现鞋子质感。

完成稿

素描阶段要预先考虑衣褶的位置和走向。

2. 轻薄、透明质地

透明、轻薄面料的色调变化是随着服装不同部位层次的变化而变化的，在衣褶多的地方色调较深，反之较浅，所以对衣褶的变化和处理是表现的关键。要用轻而飘的线条才能将衣褶的变化表现出来，要采取用细毛笔和钢笔来提笔、顿笔的运笔方法，这样才能取得理想的效果。

用水彩给皮肤上色。上色时要均匀，注意留白。

在给头发着色时要注意留一些空白的空间，以营造光泽感。

完成对服装的整体着色。

轻轻地刷笔，根据衣褶的走向表现阴影。

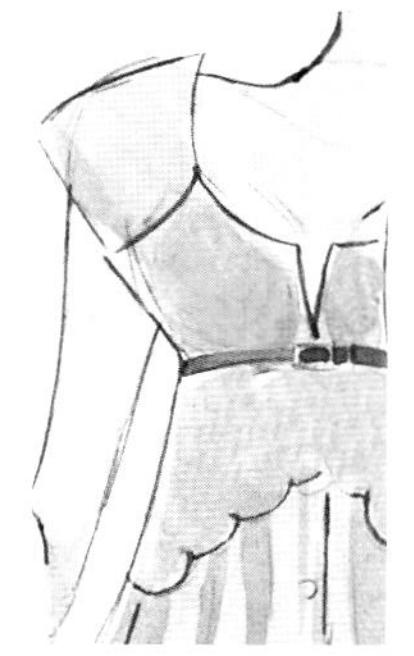

画出腰带，并准备画花纹。

先用深色颜料画出扇形，表现刺绣的图案。

再用白色颜料和更深色颜料表现刺绣的凹凸感。

用蘸有白色颜料的画笔表现手提袋的闪光点缀。

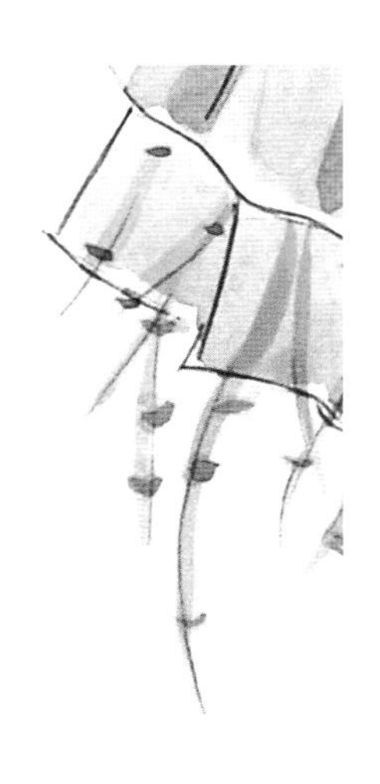

调整、修饰细节部位。

完成稿

3. 休闲与棉布质地

休闲与棉布质地柔软，轮廓线条圆润，容易产生褶皱，要通过线条和光影的处理来加以表现。尤其对一些细部的表面质感的表现，平时要多练习才能掌握。

通过清晰、明确的线条勾画出轮廓和自然的衣褶。

根据服装的质地，用水彩上第一遍颜色，这时要注意光线和阴影，以及色彩的浓淡。第一遍色彩要浅一些。完成对服装的整体着色。

同时给脸部头发和耳环进行进一步的细部刻画。

给头发上第二遍色，整理细节部位和色彩的浓淡。然后修饰皮肤和墨镜的色彩。

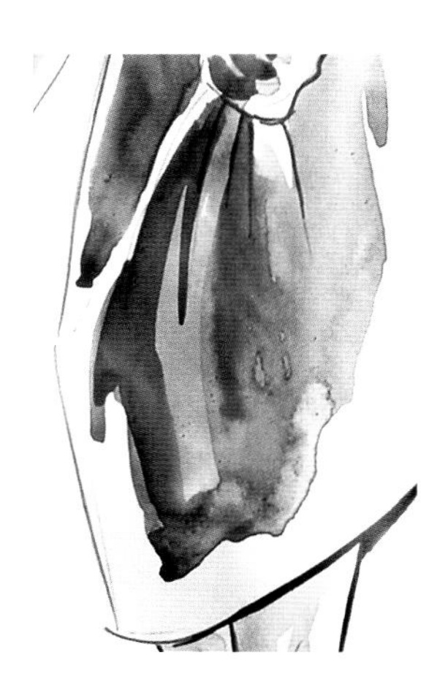

用略深的水彩表现衣褶和阴影，要一次晕染不可反复拖笔。

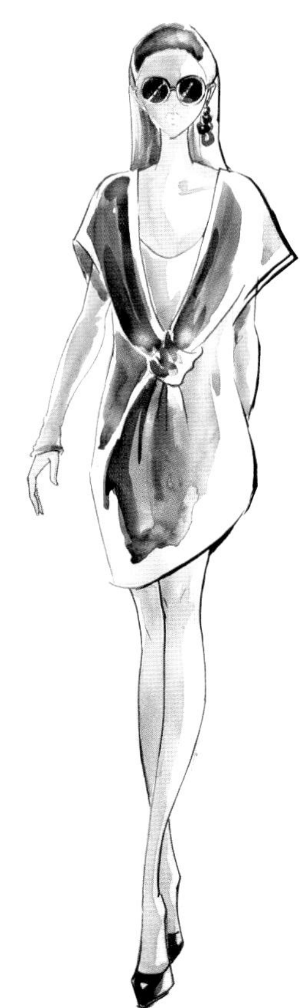

重叠涂色，用水彩颜料调出比底色更深一些的颜色，以此来表现阴影。完成第二遍整体涂色。

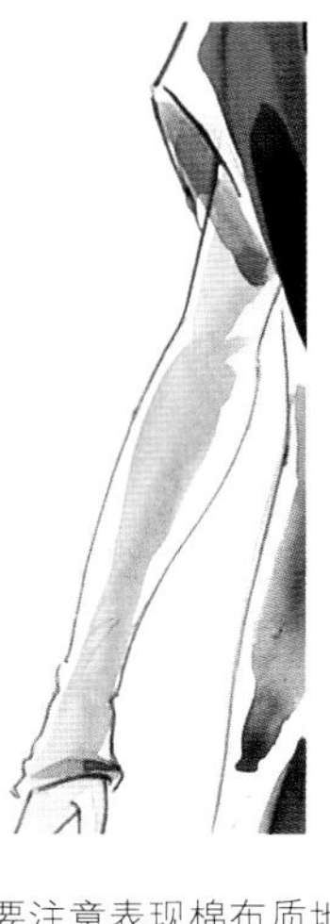

调整局部细节，要注意表现棉布质地。

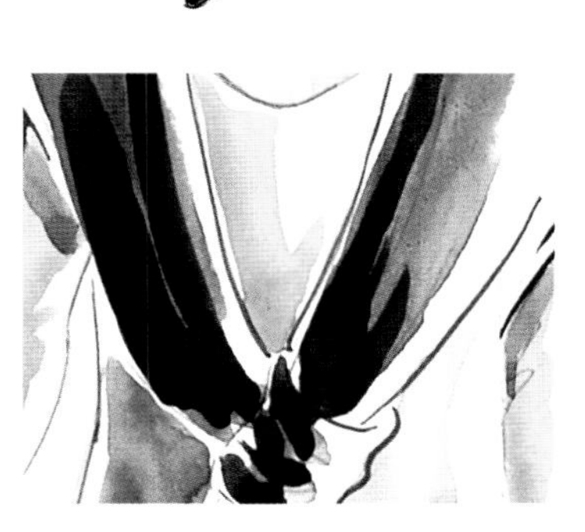

表现出在舞台的强光照射下的面料的阴影。

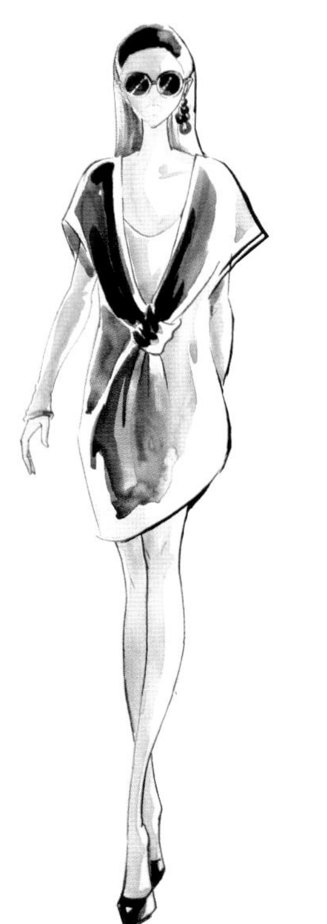

用麦克笔尖头勾线，在结构点处略微加粗，表现模特剪影。

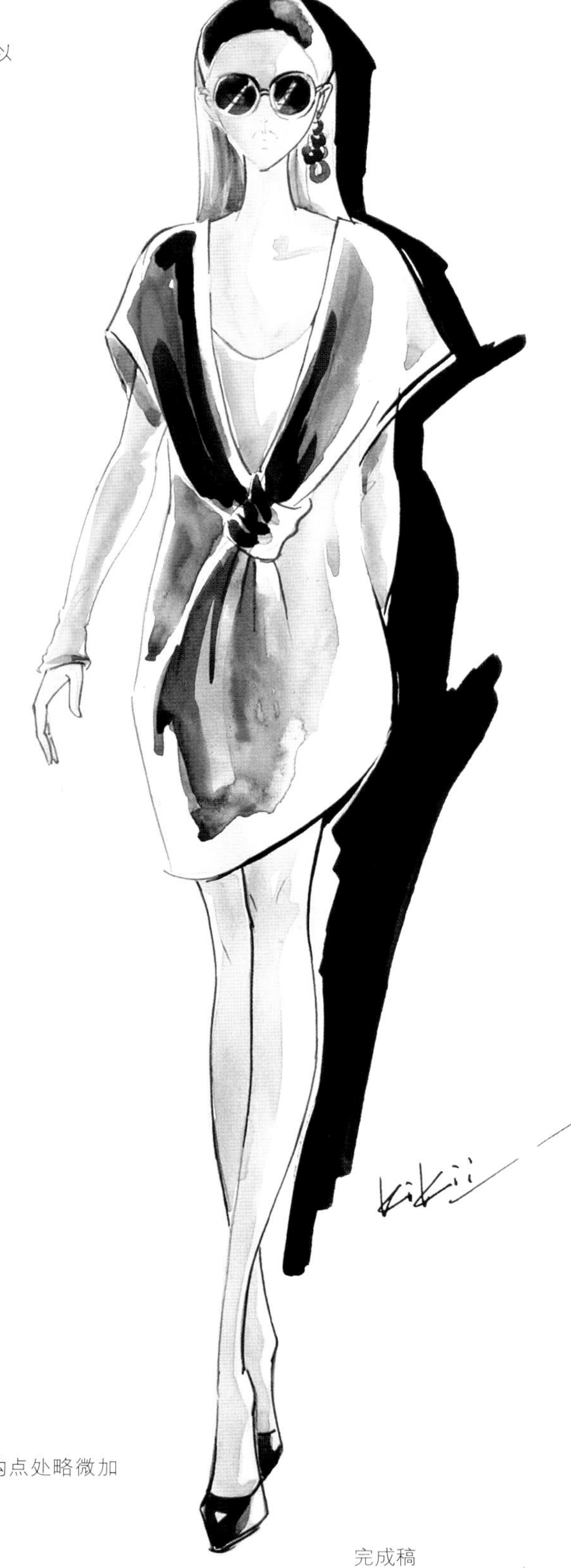

完成稿

4．秋冬服装质地

秋冬季节的服装应该给人一种温暖、柔软的感觉，特别是毛织物，轮廓线、构造线都应是柔和的线条，要表现出服装质地的厚实。着色时要充分运用朦胧色的技法，丰富画面的表情，在表现服装质感方面多下功夫。

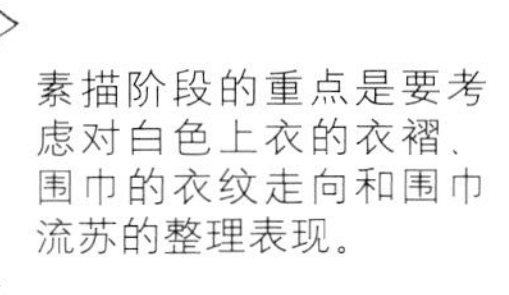

素描阶段的重点是要考虑对白色上衣的衣褶、围巾的衣纹走向和围巾流苏的整理表现。

给皮肤和头发上第一遍颜色，注意上色要均匀。

依次对帽子、服装上色，完成第一遍整体着色。

根据服装的质地，用水彩上第二遍颜色，这时要注意光线和阴影，以及色彩的浓淡，并做适当修饰和调整，同时对脸部和头发进行细部刻画。

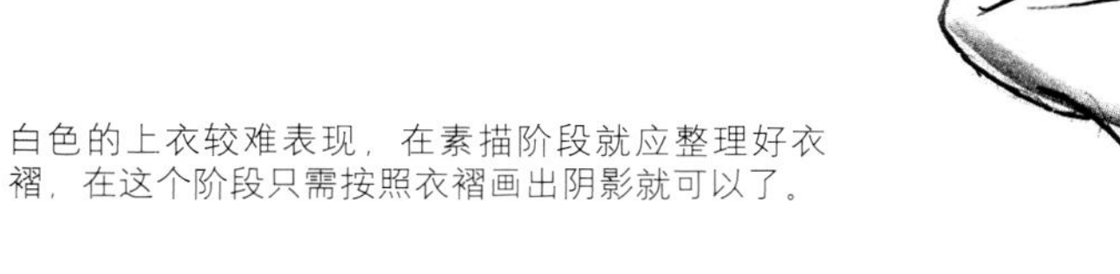

白色的上衣较难表现，在素描阶段就应整理好衣褶，在这个阶段只需按照衣褶画出阴影就可以了。

根据衣褶的走向表现阴影和亮面。

对头发和脸部进行最后的修饰。
用彩色铅笔勾线，画出帽子的针织的质地。

用麦克笔的方头表现围巾的粗糙颗粒。

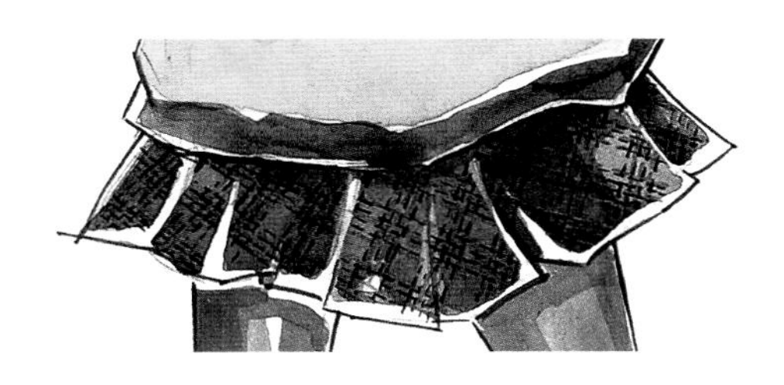

用黑色的针管笔先画出裙子的格子纹样，注意裙子的重叠部位，再用金粉笔在黑色格子上压线，注意格子之间的间距。

用彩色铅笔绘制袜套的质感，然后用金粉笔表现鞋带的色彩。

完成稿

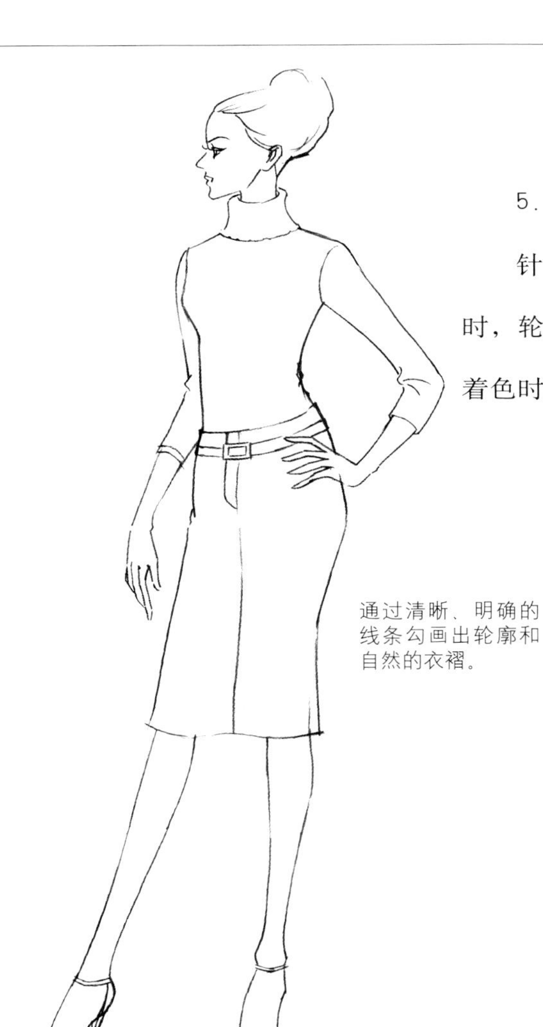

5. 针织服装质地——厚型针织

针织服装质地柔软，轮廓线条圆润，给人一种温暖、柔软的感觉。表现时，轮廓线、构造线都应是柔和的线条，要表现出厚型针织服装的厚实感。着色时，只要略略地表现一下针织服装的纹理就能取得逼真的效果了。

通过清晰、明确的线条勾画出轮廓和自然的衣褶。

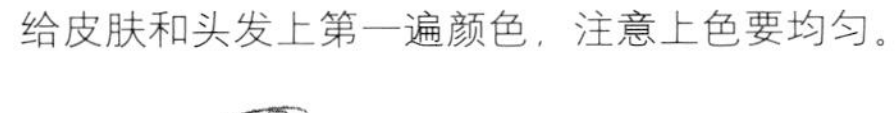

给皮肤和头发上第一遍颜色，注意上色要均匀。

依次对头发、服装进行上色，完成第一遍整体着色。

用水彩和炭笔表现出头发的阴影，并勾线。

调整面部表情和发型。
勾勒眼影颜色和晕染出腮红。
画口红时注意留出高光。

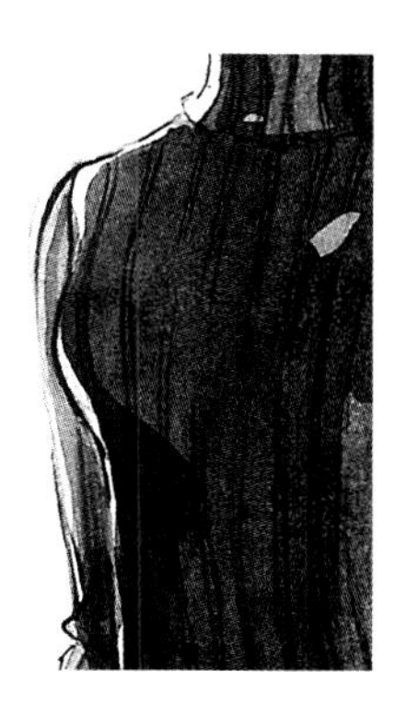

根据衣褶的走向表现阴影和亮面。再用炭笔描绘出针织的质感。

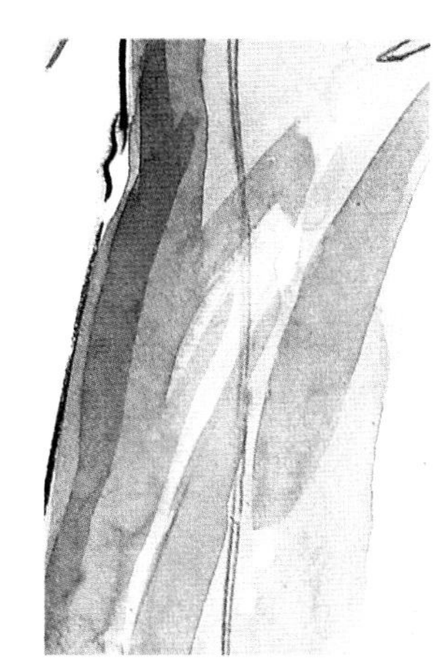

根据人体的结构，画出裙子的衣褶和阴影，修饰局部。

用水彩和彩色铅笔表现呢料裙子的质感，并用炭笔勾勒出缝纫线。

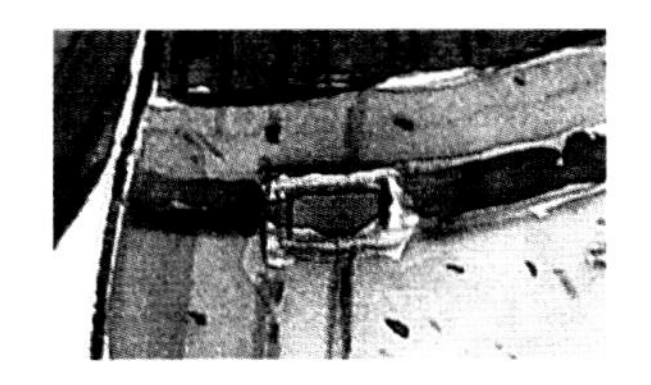

刻画腰带的细节。

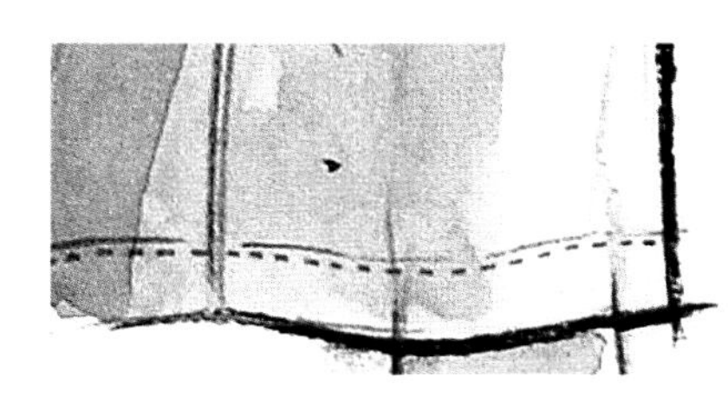

裙子针线的痕迹要认真勾画。

完成稿

6．针织服装质地——薄型针织

薄型针织一般由细针、细支纱组成，面料的紧密度较强，质地细腻，应着重在表现它的柔软和随意。

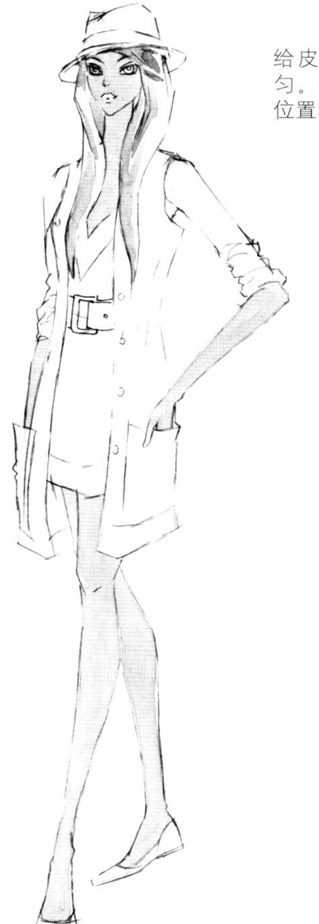

给皮肤和头发上第一遍颜色，注意上色要均匀。在给头发上第一遍颜色时，要考虑高光的位置和头发发丝的走向。

通过清晰、明确的线条勾画出轮廓和自然的衣褶。

给服装上第一遍颜色时注意针织的质感。

给头发上第二遍颜色时，要注意光感，要整理细节部位和色彩的浓淡。然后修饰瞳仁和嘴唇的色彩。

第一遍颜色完成。

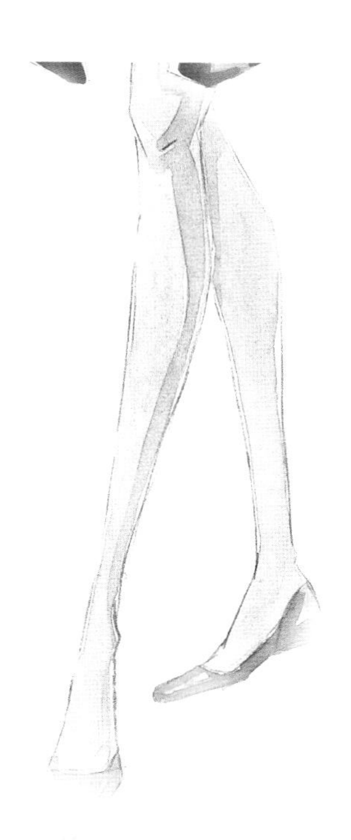

根据光源的方向和角度，给皮肤加阴影，上第二遍颜色，注意皮肤的透明感要均匀，阴影要根据结构来渲染。

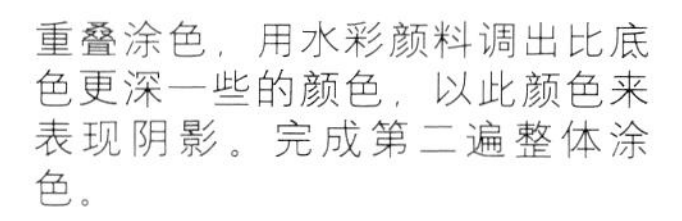

重叠涂色，用水彩颜料调出比底色更深一些的颜色，以此颜色来表现阴影。完成第二遍整体涂色。

用金粉笔画出腰带的金属部件，用麦克笔表现腰带的质感。

完成第二遍整体涂色。表现内衣的条纹时，要注意疏密有致，并且要注意颜色的受光面的不同变化。

完成稿

7. 毛皮质地

无论是天然的还是人造的皮革都是难于表现的，在绘制时要注意表现皮草的质感。最好选用水彩纸张，在湿润的纸上用颜料轻轻扫出笔触，这样所刷出来的绒毛会非常接近真实的皮草的质感。

在素描阶段应画出毛皮上绒毛的走向。

给皮肤上色的方法和以往不同，要寻找一种在舞台上受强光照射的效果，不采用重叠涂色和全涂色的方法，而是根据舞台灯光的多重光源，概括整理出脸部和身体的阴影部分，并一次上色完成，这种方法难度较大。

给头发上第一遍颜色，注意根据多重光源角度和方向整理高光和留白。

给头发上第二遍色，整理细节部位和色彩的浓淡，然后修饰瞳仁和嘴唇的色彩。

完成对服装的整体着色。

考虑皮毛的方向，重复上色，比较柔软蓬松的毛皮部位应适当留一些空白。在阴影的部分仔细地表现毛皮的绒毛。

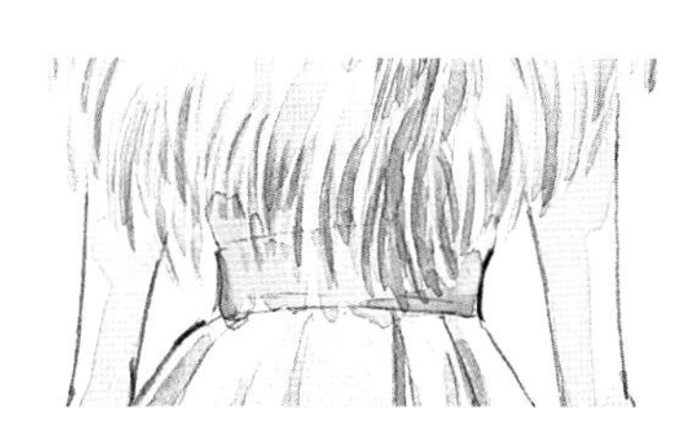

皮毛下端的绒毛要根据长短适当盖过下面的服装。

选用深色调颜色，修饰局部绒毛。

用略深的水彩表现衣褶和阴影，要一次晕染，不可反复拖笔。

用麦克笔尖头勾线，在结构点处略微加粗，涂擦阴影。

完成稿

8．皮革质地

皮革面料是经过鞣制而成的动物毛皮面料。它多用以制作时装和冬装。要着重表现皮革面料的光泽感。

通过清晰、明确的线条勾画出轮廓和自然的衣褶，并且在这一阶段就应该把内衣的条纹组织好。

给皮肤上第一遍颜色，注意颜色要均匀和透明。

给头发上第一遍颜色，在上色时要考虑高光的位置和头发发丝的走向。

依次对围巾、服装上色，完成第一遍整体着色。

给头发上第二遍色。整理细节部位和色彩的浓淡，调整面部表情和发型的色调，然后修饰瞳仁和嘴唇的色彩。

给皮肤上第二遍颜色，注意色彩要均匀、透明。

表现内衣的条纹时，要注意疏密有致，并且要注意颜色的受光面的不同变化。

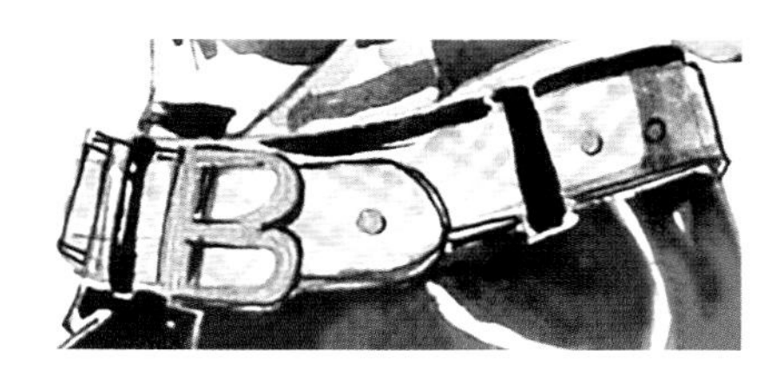

用金粉笔画出腰带的金属部件，用麦克笔表现腰带的纹样。

有光泽的皮革表现重点在高光位置。用银粉笔表现靴子的金属扣。

完成稿

课题4：面料花纹图案印表现方法

1. 几何纹样

通过清晰、明确的线条勾画出轮廓和自然的衣褶。

给皮肤上第一遍颜色，注意上色要均匀。

给头发上第一遍颜色时要注意颜色和发色的光感。

用水彩颜料画出脸部阴影和嘴唇颜色。

完成对服装的整体着色。要注意留白。

调整面部表情和发型的色彩。刻画头发的立体感。

重叠涂色，用水彩颜料调出比底色更深一些的颜色，并以此颜色表现阴影。完成第二遍整体涂色。

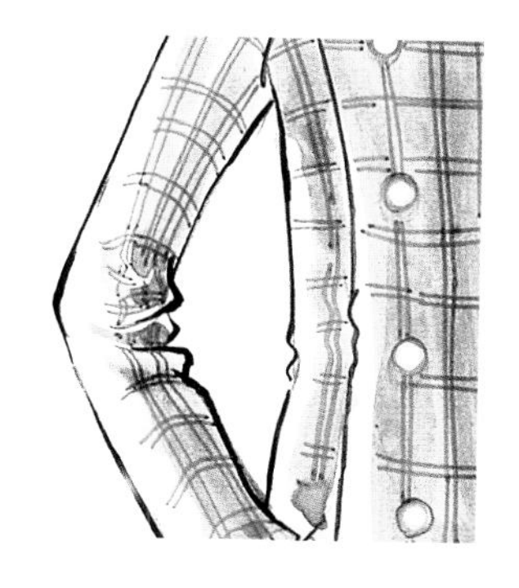

用细头麦克笔画出格子纹样。然后用毛笔勾线。

脸部做最后的修饰。

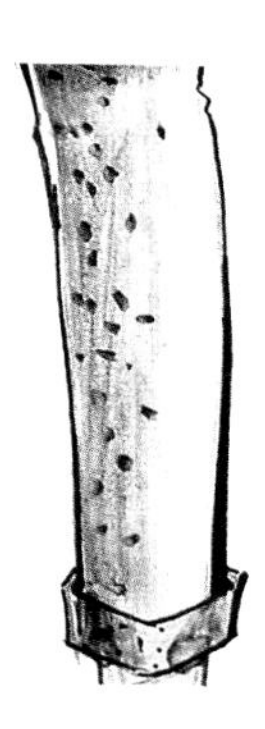

用彩色铅笔在第一遍水彩上表现呢面料的质感，再用麦克笔点出呢面料粗糙的颗粒。

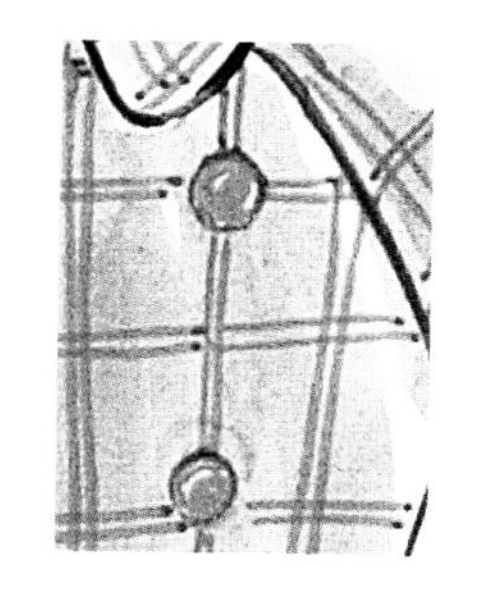

用金粉笔给金属扣子上色。注意留出高光。

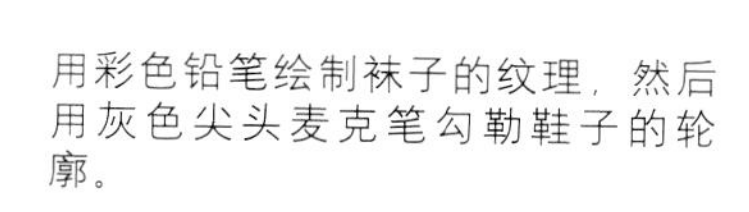

用彩色铅笔绘制袜子的纹理，然后用灰色尖头麦克笔勾勒鞋子的轮廓。

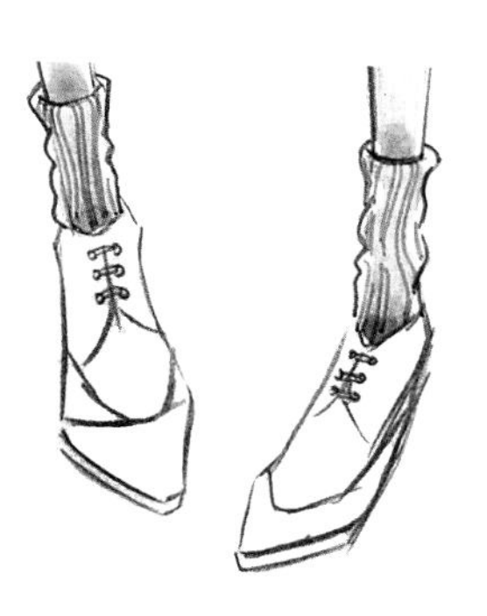

完成稿

2. 写意纹样

素描阶段要预先考虑衣褶的位置和走向。

用水彩给皮肤上第一遍颜色，上色要均匀，注意留白。

完成对服装的整体着色。

给头发上第一遍颜色时要调准颜色，注意对发色光感的表现。

给头发上第二遍色，整理细节部位和色彩的浓淡。然后修饰瞳仁、眼影和嘴唇的色彩。

根据光源的方向和角度，给皮肤加阴影，上第二遍颜色，注意皮肤的透明感。

重叠涂色，根据衣褶的走向用深色水彩加深衣褶。

完成第二遍整体涂色，并
用麦克笔勾画蝴蝶结。

表现写意花纹，注意疏密关系。

完成稿

3．花卉纹样

通过清晰、明确的线条勾画出轮廓和自然的衣褶。

给皮肤上第一遍颜色，注意上色要均匀，

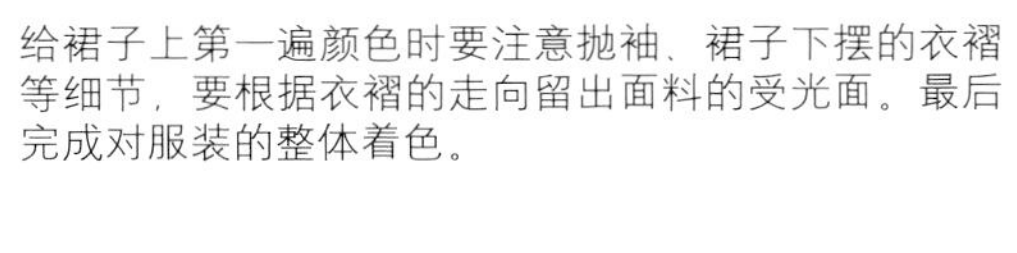

给头发上第一遍颜色时要调准颜色，注意对发色光感的表现，注意长发发丝的走向并留出高光部分。

给裙子上第一遍颜色时要注意抛袖、裙子下摆的衣褶等细节，要根据衣褶的走向留出面料的受光面。最后完成对服装的整体着色。

给头发上第二遍色，整理细节部分和色彩的浓淡。

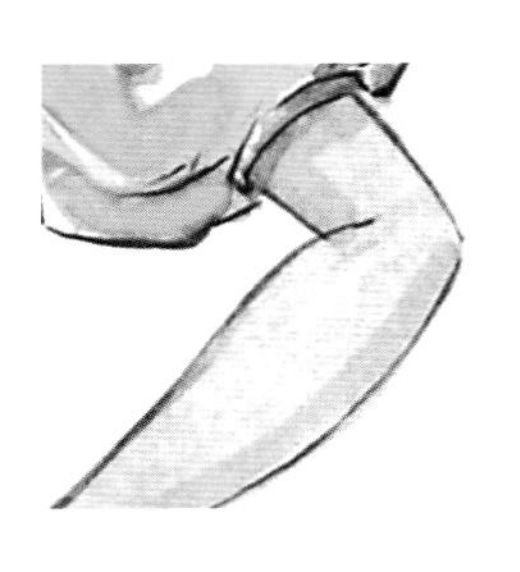

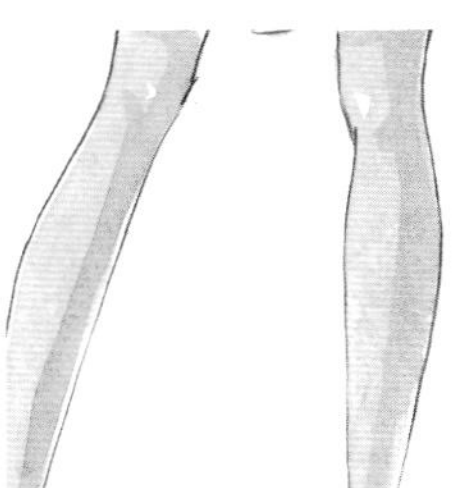

给皮肤上第二遍颜色，注意色彩要均匀。

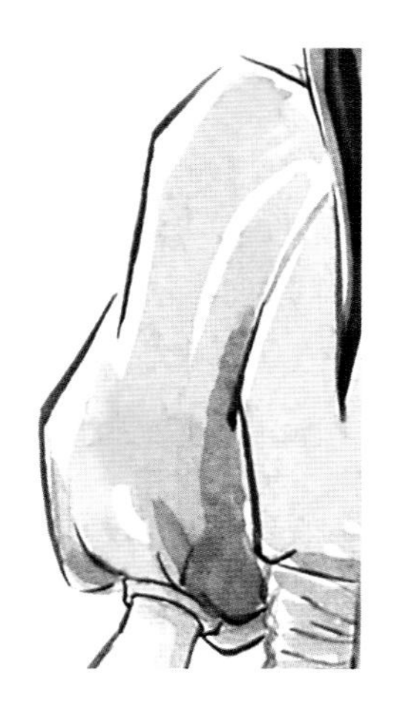

用略深的水彩表现衣褶和阴影。

用稍厚的水彩颜料画出花朵的图案。注意花朵的疏密和组织结构以及花朵在衣褶起伏时的变化。

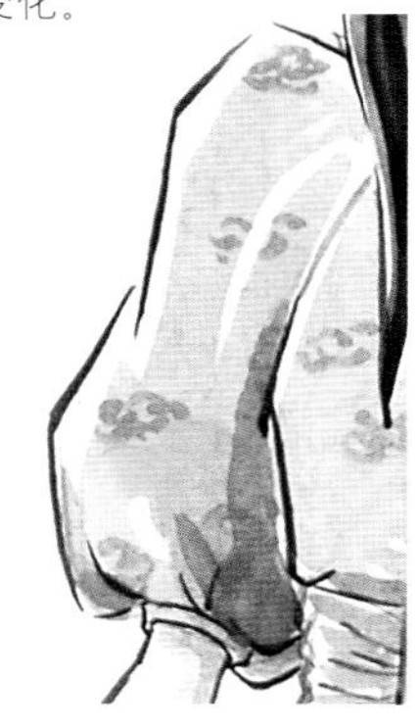

用墨绿色画出花朵叶子，在表现时注意要衬托花朵。图案纹样完成。

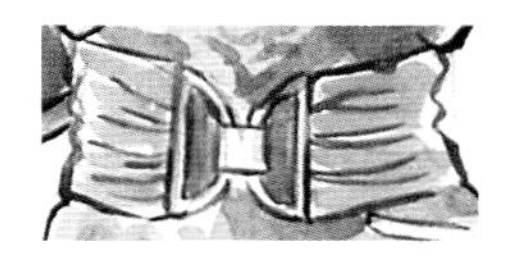

刻画腰带时注意细节。

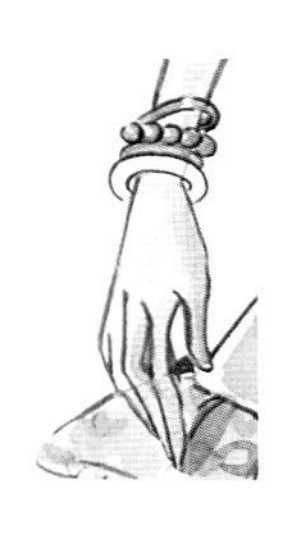

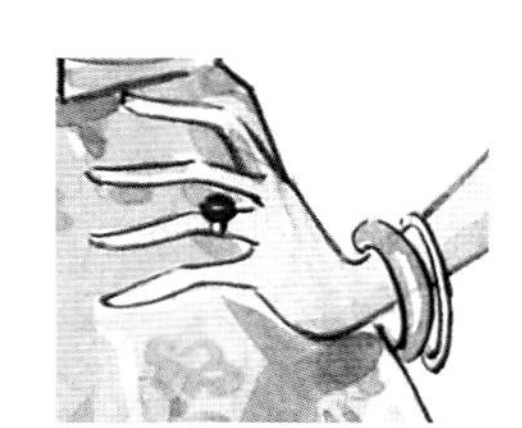

对饰品进行最后的修饰。

用彩色铅笔勾线，注意各种饰品的质地。

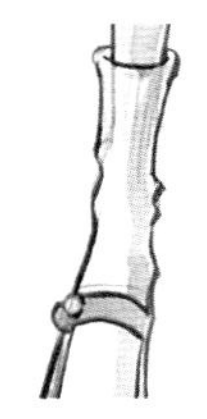

用彩色铅笔绘制袜子的纹理。然后用灰色尖头麦克笔勾勒鞋子的轮廓。

完成稿

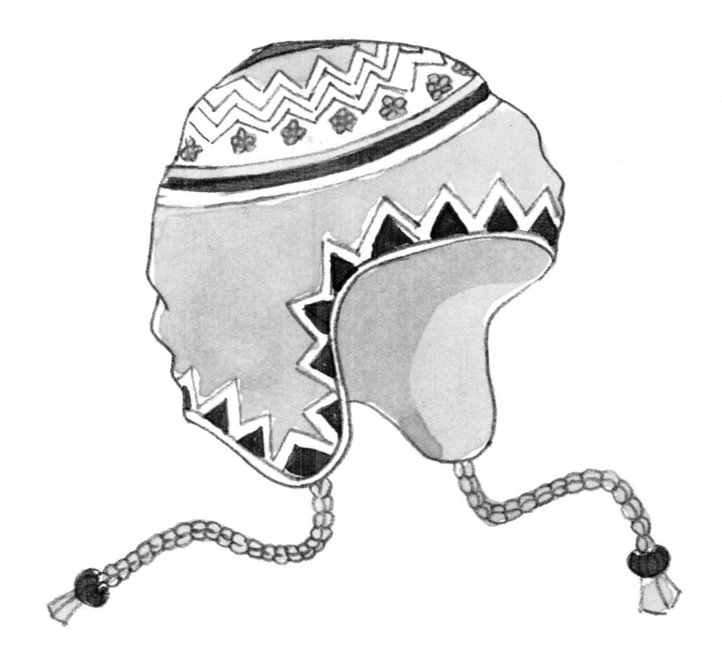

课题5：饰品的表现方法

没有服饰配件服装的整体效果就会大打折扣，饰品对服装而言是不可缺少的点缀品，是设计师展示自我风格的

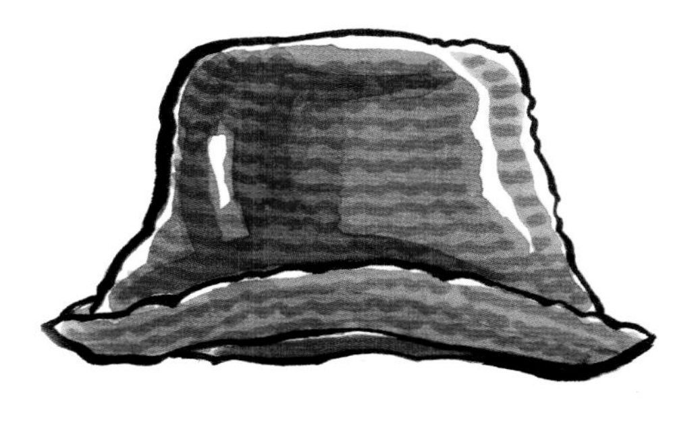

绝佳配料。在表现饰品时可以脱开人体，直接运用图形化的、明确的绘画语言对饰品进行绘制说明，这种表现方式是一种非常快捷的方法，也是在实际中经常运用的方法。

课题6：平面图的表现方法

平面图也称工艺图或者详述图。在画图时注重细节表现，运用图形化的、明确的绘画语言对服装进行说明，清晰地展现出服装所有的结构细节，如接缝、省道、口袋、紧固件和明线等。

课题7：不同工具材料的艺术表现

独特的构图视角，与众不同的运笔用色，匠心独具的设计概念——他们共同组成一种强烈的视觉信号，这就是“风格”。

工具：炭笔和针管笔

“风格”中蕴含着时装画家的价值观念、知识结构、情绪意趣和创造能力，因此，“风格”通常成为衡量画家的艺术品味高下的重要砝码。能够艺术化地表达自己的设计概念，是每位时装画家，也是时装效果图创作者的最终目的。

工具：炭笔

工具：记号笔：

工具：炭笔和彩色铅笔

工具：水彩

作业（可自选A或B）

A：选择某一时装品牌的产品，以照片为蓝本，创作具有时尚感的时装画4幅（时装画表现手法不限，可参考本书爱马仕时装画的模式表现）。作业规格：A3纸。

B：选定某一载体（如：婚纱、针织服装等），以此为主体作系列插画，创作以插画为主体的作品。作业数量：4～6幅。

思考题

学会如何用艺术的手法表现商业主体，用时尚的插画创作手法宣传产品。

工具：钢笔

第四章 Chapter 4

作品赏析

WORKS APPRECIATION

第四章 作品赏析

服装效果图的表现通常是由设计师来完成的，有的服装画则是由时装画家创作的。许多优秀的设计师和服装画家给我们展示出很多好的作品，值得我们欣赏和学习。优秀的服装画作品除了能准确表现服装的款式和模特儿的气质外，还流露出设计师或者画家的内心情感，只有真实地表达自己的内心才能表现出自己的独特个性。因此，优秀的服装效果图是具有个性美的，是流畅和自然的描绘，没有一点点的生硬和做作。总的来讲，优秀的服装作品是真实的、自然的、协调的、流畅的。

安东尼奥 · 洛佩兹：

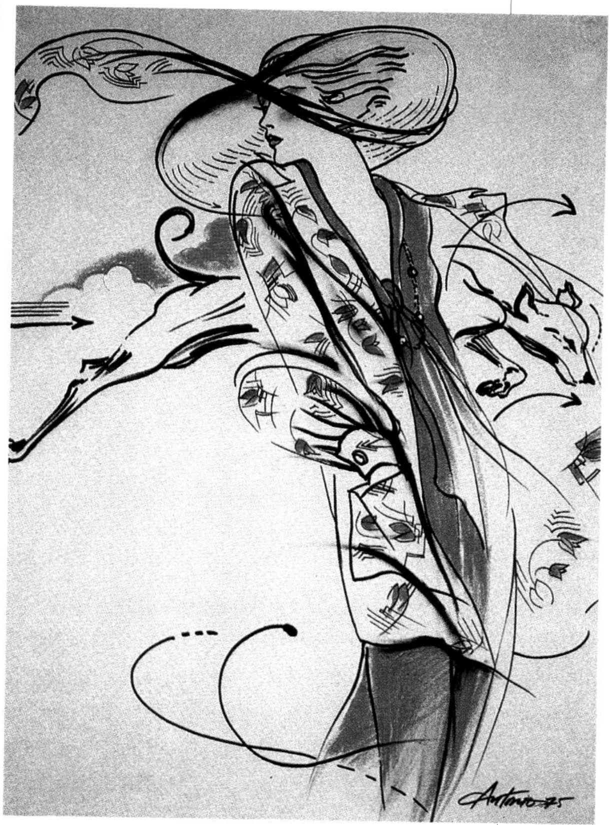

Antonio

海纳斯·戴乐

大卫·当顿

失岛功

芮内 · 格鲁奥

艾瑞克·史坦普

She sports a Stoifel Terylene/
cotton anorak in amber,
light blue, or geranium.
Very simple, very practical.
Sizes 10-18. £12.15.0.
Worn with ski trousers in
worsted/nylon in black,
navy or pink. £10.10.0.
He wears a royal blue nylon
anorak. Also in black or
bottle green. £10.10.0.
Worn with worsted and lycra
ski trousers, in navy or
black. £11.0.0.

It's not only the name that tells you
it's a Pringle

毕莱尔·哈特兰德

在20世纪50年代作品经常出现在报刊杂志上，其奔放且富有变化的风格与这个时代的华丽风尚甚为相配。

KO设计工作室

①一件寬大洋裝
+背心
+至膝蓋的短褲。
②寬大上衣+直筒
長褲。
③中國式服裝
+至膝的短褲。
④寬大高腰洋裝。
⑤T恤+寬大洋裝
+打摺袖子。

乐儿美

参考书目

1.《名家服装画专集1》 台湾活门出版社
2.《名家服装画专集2》 台湾活门出版社
3.《最新流行插画》(日)失岛功 台湾龙和出版有限公司 1991年10月
4.《美动态素描·人体结构》(美)伯恩·霍加斯 广西美术出版社 2002年8月
5.《世界时装绘画图典》(英)凯利·布莱克 上海人民美术出版社 2008年4月
6.《时装画技法培训教程》(英)贝斯安·莫里斯 上海人民美术出版社 2007年6月
7.《新时装设计表现技法》(日)渡边直树 中国青年出版社 2008年8月

谢 辞

感谢陈焰、潘曦、程放、韦珏、李琼华、周保平、黄河、雷俊霞、商亚东、张玲、陈秀、丁严、严晓筱、沈黎霞、朱黛萍、应丹妮、翁振宇、陈高峰等教师、学生给予本教材编撰工作的大力协助。

图书在版编目（CIP）数据

服装设计表现／窦珂著．—杭州：浙江人民美术出版社，2010.1

新概念中国高等职业技术学院艺术设计规范教材

ISBN 978-7-5340-2657-7

Ⅰ．服… Ⅱ．窦… Ⅲ．服装—设计—高等学校：技术学校—教材 Ⅳ．TS941.2

中国版本图书馆CIP数据核字（2010）第004938号

作　　者　窦　珂

责任编辑　程　勤

装帧设计　程　勤

责任印制　陈柏荣

新概念中国高等职业技术学院艺术设计规范教材

服装设计表现

出 品 人　奚天鹰

出版发行　浙江人民美术出版社

社　　址　杭州市体育场路347号

网　　址　http://mss.zjcb.com

电　　话　（0571）85170300　邮编　310006

经　　销　全国各地新华书店

制　　版　杭州开源数码设备有限公司

印　　刷　杭州下城教育印刷有限公司

开　　本　889×1194　1/16

印　　张　9.25

版　　次　2010年1月第1版　2010年1月第1次印刷

书　　号　ISBN 978-7-5340-2657-7

定　　价　48.00元

（如发现印装质量问题，请与本社发行部联系调换）